E. Martinelli (Ed.)

Funzioni e varietà complesse

Lectures given at the
Centro Internazionale Matematico Estivo (C.I.M.E.),
held in Varenna (Como), Italy,
June 25-July 5, 1963

Springer

FONDAZIONE CIME
ROBERTO CONTI

C.I.M.E. Foundation
c/o Dipartimento di Matematica "U. Dini"
Viale Morgagni n. 67/a
50134 Firenze
Italy
cime@math.unifi.it

ISBN 978-3-642-11008-5 e-ISBN: 978-3-642-11009-2
DOI:10.1007/978-3-642-11009-2
Springer Heidelberg Dordrecht London New York

Reprint of the 1st ed. C.I.M.E., Ed. Cremonese, Roma, 1963
With kind permission of C.I.M.E.

Printed on acid-free paper

Springer.com

CENTRO INTERNATIONALE MATEMATICO ESTIVO
(C.I.M.E)

Reprint of the 1st ed.- Varenna, Italy, June 25-July 5, 1963

FUNZIONI E VARIETÀ COMPLESSE

CENTRO INTERNAZIONALE MATEMATICO ESTIVO

(C. I. M. E.)

HENRI CARTAN

FAISCEAUX ANALYTIQUES COHERENTS

ROMA - Istituto Matematico dell'Università

FAISCEAUX ANALYTIQUES COHERENTS

par Henri Cartan

1. - Théorème des syzygies pour l'anneau des séries convergentes à n variables.

Soit K un corps (commutatif) valué complet, non discret. On note $K\{x_1, \dots, x_n\}$ l'anneau des séries entières convergentes à n variables $x_1, \dots, x_n$, c'est-à-dire des séries qui convergent au voisinage de l'origine. C'est un anneau intègre et noethérien ; de plus, c'est un anneau local: l'unique idéal maximal $\mathfrak{m}(\Lambda)$ de l'anneau $\Lambda = K\{x_1, \dots, x_n\}$ se compose des séries dont le terme constant est nul, c'est-à-dire des éléments non-inversibles de Λ. L'idéal $\mathfrak{m}(\Lambda)$ est engendré par $x_1, \dots, x_n$, et l'on a la propriété:

(P_n)- si J_k désigne (pour $0 \leq k \leq n$) l'idéal engendré par $x_1, \dots, x_k$, alors, pour $0 \leq k \leq n-1$, x_{k+1} n'est pas diviseur de zéro dans l'anneau Λ/J_k.

(En effet, Λ/J_k s'identifie à $K\{x_{k+1}, \dots, x_n\}$, qui est un anneau intègre).

Pour tout anneau Λ, on a la notion de résolution libre d'un Λ-module M : c'est une suite exacte (infinie à gauche)

$$(1.1) \qquad \dots \to X_n \to X_{n-1} \to \dots \to X_1 \to X_0 \to M \to 0$$

formée de Λ-modules et d'applications Λ-linéaires, les X_i

étant des Λ -modules libres. Il existe toujours de telles résolutions (pour un M donné); en effet, M est quotient d'un module libre, donc on a une suite exacte

$$0 \longrightarrow Y_1 \longrightarrow X_o \longrightarrow M \longrightarrow 0,$$

puis on a une suite exacte

$$0 \longrightarrow Y_2 \longrightarrow X_1 \longrightarrow Y_1 \longrightarrow 0,$$

et ainsi de suite; en mettant bout à bout ces suites exactes, on obtient la suite (1.1). On dit que la résolution (1.1) est de longueur $\leq p$ si $X_n = 0$ pour $n > p$.

Si Λ est noethérien, et si M est un module de type fini, il existe une résolution libre de type fini, c'est-à-dire dans laquelle les modules libres X_i ont chacun une base finie: en effet on peut choisir pour X_o un module libre de base finie, et alors Y_1 est de type fini (car tout sous-module d'un module de type fini est lui-même de type fini quand l'anneau est noethérien). On peut ensuite choisir pour X_1 un module libre de base finie, et ainsi de suite.

On se propose de montrer les deux théorèmes:

Théorème 1.1 - Soit Λ un anneau local noethérien satisfaisant à la condition (P_n). Tout Λ -module de type fini possède une résolution libre, de type fini, et de longueur $\leq$ n. Plus précisément, pour toute suite exacte

$$X_{n-1} \xrightarrow{f} X_{n-2} \rightarrow \cdots \rightarrow X_o \longrightarrow M \longrightarrow 0,$$

où les X_i sont libres de base finie, le noyau de f est un module libre (de base finie). [Lorsque n=1, f désigne l'application $X_0 \to M$] .

Théorème 1.2. - Soit Λ un anneau comme dans le théorème 1. Si un Λ -module M de type fini possède une résolution libre de longueur $\leqslant$ p, alors, pour toute suite exacte

$$X_{p-1} \xrightarrow{f} X_{p-2} \longrightarrow \dots \longrightarrow X_0 \longrightarrow M \longrightarrow 0,$$

où les X_i sont libres de base finie, le noyau de f est libre.

Ces théorèmes s'appliqueront notamment à l'anneu $K\{x_1, \dots, x_n\}$, ainsi qu'à l'anneau des séries formelles $K[[x_1, \dots, x_n]]$. On démontre, en fait, que les anneaux locaux pour lesquels le théorème 1 est vrai (pour un n convenable) sont les anneaux locaux réguliers, c'est-à-dire dont le complété est isomorphe à un anneau de séries formelles (cf. [15]).

On va donner, des théorèmes 1 et 2, une démonstration qui utilise les foncteurs Tor_n^{Λ} (A, B), où A et B désignent deux Λ -modules, et n un entier $\geqslant$ 0. (cf. [5]). On a seulement besoin de savoir ici que Tor_n^{Λ} (A, B) est, pour chaque n, un Λ -module, foncteur covariant de A et B; que $\mathrm{Tor}_n^{\Lambda}(A,B)=0$ lorsque n $\geqslant$ 1 et que l'un au moins des modules A et B est libre; que Tor_0^{Λ}(A, B) n'est autre que le produit tensoriel $A \otimes_{\Lambda} B$; que, pour toute suite exacte de Λ -modules:

$$(1.2) \qquad 0 \longrightarrow A' \longrightarrow A \longrightarrow A'' \longrightarrow 0,$$

on a des applications linéaires

$$\delta_n : \mathrm{Tor}_n^{\Lambda}(A'',B) \longrightarrow \mathrm{Tor}_{n-1}^{\Lambda}(A',B)$$

qui dépendent fonctoriellement de la suite exacte (2); et que la suite illimitée

$$\ldots \longrightarrow \mathrm{Tor}_n^{\Lambda}(A',B) \longrightarrow \mathrm{Tor}_n^{\Lambda}(A,B) \longrightarrow \mathrm{Tor}_n^{\Lambda}(A'',B) \xrightarrow{\delta_n}$$

$$\longrightarrow \mathrm{Tor}_{n-1}^{\Lambda}(A',B) \longrightarrow \ldots \longrightarrow \mathrm{Tor}_1^{\Lambda}(A'',B) \longrightarrow A' \otimes_{\Lambda} B \longrightarrow$$

$$\longrightarrow A \otimes_{\Lambda} B \longrightarrow A'' \otimes_{\Lambda} B \longrightarrow 0$$

est une suite exacte. Propriété analogue lorsqu'on travaille sur la variable B, et qu'on considère une suite exacte

$$0 \longrightarrow B' \longrightarrow B \longrightarrow B'' \longrightarrow 0 .$$

La démonstration des théorèmes 1 et 2 va alors résulter de plusieurs lemmes:

Lemme 1 ("lemme de Nakayama"). - Soit Λ un anneau local, d'idéal maximal $\mathfrak{m}$, et soit $K = \Lambda/\mathfrak{m}$ le corps résiduel, considéré comme Λ-module. Soit M un Λ-module de type fini; si

$$M \otimes_{\Lambda} K = M/\mathfrak{m}\cdot M$$

est nul, alors $M=0$.

Par l'absurde: soit $(x_1, \ldots, x_k)$ un système minimal de générateurs du Λ-module M; puisque $M = \mathfrak{m}\cdot M$, on a

$$x_1 = \sum_{i=1}^{k} \lambda_i x_i , \qquad \lambda_i \in \mathfrak{m} ,$$

d'où

$$(1 - \lambda_1)x_1 = \sum_{i=2}^{k} \lambda_i x_i .$$

Or $1-\lambda_1$ a un inverse dans l'anneau local Λ, donc x_1 est combinaison linéaire de $x_2, \ldots, x_k$, contrairement à l'hypothèse de minimalité.

Corollaire du lemme 1. - Soient $x_i \in M$ des éléments en nombre fini, dont les images ξ_i dans l'espace K-vectoriel $M \otimes_\Lambda K = M/\mathfrak{m}.M$ engendrent cet espace vectoriel. Si le Λ-module M est de type fini, les x_i l'engendrent.

En effet, soit M' le sous-module de M engendré par les x_i; on a une suite exacte

$$M' \otimes_\Lambda K \xrightarrow{f} M \otimes_\Lambda K \longrightarrow (M/M') \otimes_\Lambda K \longrightarrow 0 ,$$

et puisque f est surjective par hypothèse, on a $(M/M') \otimes_\Lambda K=0$, donc $M/M'=0$ d'après le lemme 1, puisque M/M' est de type fini.

Lemme 2 - Soit Λ un anneau local, de corps résiduel K. Pour qu'un Λ-module Y, de type fini, soit libre, il faut et il suffit que $\mathrm{Tor}_1^\Lambda(Y,K)=0$.

La condition est évidemment nécessaire. Pour voir qu'elle est suffisante, on choisit des $y_i \in Y$ dont les images $\eta_i \in Y \otimes_\Lambda K$ forment une base de cet espace vectoriel; les y_i sont en nombre fini, et engendrent Y (corollaire du lemme 1). Soit X le Λ-module libre ayant pour base des éléments x_i en correspondance bijective avec les y_i; on a donc une application linéaire surjective $X \xrightarrow{f} Y$, qui par passage aux quotients induit un isomorphisme $X \otimes_\Lambda K \xrightarrow{g} Y \otimes_\Lambda K$. Soit N le noyau de f.

La suite exacte des foncteurs Tor donne ici:

$$\mathrm{Tor}_1^{\Lambda}(Y,K) \longrightarrow N \otimes_{\Lambda} K \longrightarrow X \otimes_{\Lambda} K \xrightarrow{g} Y \otimes_{\Lambda} K .$$

Puisque g est un isomorphisme, et que $\mathrm{Tor}_1^{\Lambda}(Y,K)=0$ par hypothèse, on obtient $N \otimes_{\Lambda} K=0$, donc (lemme 1) N=0; par suite, $f:X \to Y$ est un isomorphisme, et puisque X est libre, Y est libre.

C.Q.F.D.

Lemme 3. - Soit Λ un anneau local satisfaisant à la condition (P_n). Alors on a, pour tout Λ-module M,

(1.3) $$\mathrm{Tor}_i^{\Lambda}(M, \Lambda/J_k)=0 \quad \text{pour} \quad i > k,$$

et en particulier, pour $k=n$, ($J_n = \mathfrak{m}(\Lambda)$):

(1.4) $$\mathrm{Tor}_{n+1}^{\Lambda}(M,K) = 0 .$$

En effet, considérons, pour chaque entier k tel que $1 \leq k \leq n$, la suite exacte

(1.5) $$0 \longrightarrow \Lambda/J_{k-1} \xrightarrow{u_k} \Lambda/J_{k-1} \xrightarrow{v_k} \Lambda/J_k \longrightarrow 0 ,$$

où v_k est l'application canonique de Λ/J_{k-1} sur son quotient Λ/J_k, et u_k désigne la multiplication par x_k, qui par hypothèse est une injection. La suite exacte des Tor nous donne ici des suites exactes

(1.6) $\quad \mathrm{Tor}_i^{\Lambda}(M, \Lambda/J_{k-1}) \longrightarrow \mathrm{Tor}_i^{\Lambda}(M, \Lambda/J_k) \xrightarrow{\delta_i} \mathrm{Tor}_{i-1}(M, \Lambda/J_1$

On va alors prouver (3) par récurrence sur k: c'est trivial si k=0, car $\mathrm{Tor}_i^{\Lambda}(M, \Lambda)=0$ pour $i > 0$. Si (1.3) est vrai pour k-1 ($k \geqslant 1$), et si $i > k$, les deux termes extrêmes de la suite exacte (1.6) sont nuls, donc le terme médian est nul.

C.Q.F.D.

Nous pouvons maintenant démontrer le théorème 1.1. Nous avons, par hypothèse, des suites exactes

$$0 \longrightarrow Y_1 \longrightarrow X_0 \longrightarrow M \longrightarrow 0$$

$$0 \longrightarrow Y_2 \longrightarrow X_1 \longrightarrow Y_1 \longrightarrow 0$$

. . . .

$$0 \longrightarrow Y_n \longrightarrow X_{n-1} \longrightarrow Y_{n-1} \longrightarrow 0$$

où $X_0, \ldots, X_{n-1}$ sont libres <u>de base finie</u>. On en déduit des suites exactes

$$\mathrm{Tor}_{n+1}^{\Lambda}(X_0, K) \to \mathrm{Tor}_{n+1}^{\Lambda}(M, K) \to \mathrm{Tor}_n^{\Lambda}(Y_1, K) \to \mathrm{Tor}_n^{\Lambda}(X_0, K)$$

$$\mathrm{Tor}_n^{\Lambda}(X_1, K) \to \mathrm{Tor}_n^{\Lambda}(Y_1, K) \to \mathrm{Tor}_{n-1}^{\Lambda}(Y_2, K) \to \mathrm{Tor}_{n-1}^{\Lambda}(X_1, K)$$

. . . .

$$\mathrm{Tor}_2^{\Lambda}(X_{n-1}, K) \longrightarrow \mathrm{Tor}_2^{\Lambda}(Y_{n-1}, K) \longrightarrow \mathrm{Tor}_1^{\Lambda}(Y_n, K) \longrightarrow \mathrm{Tor}_1^{\Lambda}(X_{n-1}, K)$$

Dans chacune de ces lignes, les termes extrêmes sont nuls, puisque les X_i sont des modules libres; on obtient donc

$$\mathrm{Tor}^{\Lambda}_{n+1}(M,K) \approx \mathrm{Tor}^{\Lambda}_{n}(Y_1,K) \approx \mathrm{Tor}^{\Lambda}_{n-1}(Y_2,K) \approx \ \dots \approx \mathrm{Tor}^{\Lambda}_{1}(Y_n,K).$$

Or, d'après le lemme 3, $\mathrm{Tor}^{\Lambda}_{n+1}(M,K)=0$. Donc

$$\mathrm{Tor}^{\Lambda}_{1}(Y_n,K) = 0 ,$$

et comme Y_n est de type fini, ceci entraîne que Y_n est libre (lemme 2).

Ceci démontre le théorème 1.

Démontrons enfin le théorème 1.2. Supposons l'existence de suites exactes

$$0 \longrightarrow B_1 \longrightarrow A_0 \longrightarrow M \longrightarrow 0$$

$$0 \longrightarrow B_2 \longrightarrow A_1 \longrightarrow B_1 \longrightarrow 0$$

. . . .

$$0 \longrightarrow B_p \longrightarrow A_{p-1} \longrightarrow B_{p-1} \longrightarrow 0 ,$$

où $A_0,\dots,A_{p-1}$ et B_p sont <u>libres</u> (non nécessairement de type fini). En raisonnant comme ci-dessus, on trouve

$$\mathrm{Tor}^{\Lambda}_{p+1}(M,K) \approx \mathrm{Tor}^{\Lambda}_{p}(B_1,K) \approx \ \dots \approx \mathrm{Tor}^{\Lambda}_{1}(B_p,K) = 0 .$$

Donc $\mathrm{Tor}^{\Lambda}_{p+1}(M,K) = 0$. Soit maintenant une suite exacte comme dans l'énoncé du théorème 2 (les X_i, pour $i \leq p-1$, étant libres de base finie), et soit Y_p le noyau de $X_{p-1} \longrightarrow X_{p-2}$ (resp. de $X_0 \longrightarrow M$ si $p=1$) . Le même raisonnement que ci-dessus montre que

$$\mathrm{Tor}^{\Lambda}_{p+1}(M,K) \approx \mathrm{Tor}^{\Lambda}_{1}(Y_p,K),$$

et par suite $\mathrm{Tor}^{\Lambda}_{1}(Y_p,K) = 0$; d'après le lemme 2, Y_p est libre, et le théorème 1.2 est démontré.

2. Préfaisceaux, faisceaux et espaces étalés.

On rappelle ici succinctement les notions essentielles; pour plus de détails on renvoie au livre de Godement [7].

T désigne un espace topologique, donné une fois pour toutes. Un préfaisceau G de groupes abéliens, sur T, est défini par la donnée, pour chaque ouvert $U \subset T$, d'un groupe abélien G(U), et pour tout couple d'ouverts (V, U) tel que $V \subset U$, d'un homomorphisme φ_{VU}: $G(U) \to G(V)$; on suppose que φ_{UU} est l'identité, et que, pour $W \subset V \subset U$, $\varphi_{WU} = \varphi_{WV} \circ \varphi_{VU}$. Un préfaisceau G est donc simplement un foncteur contravariant de la catégorie des ouverts de T (les morphismes étant les inclusions) dans la catégorie des groupes abéliens.

Si G et G' sont deux préfaisceaux, un morphisme $f: G \to G'$ est défini par la donnée, pour chaque ouvert U, d'un homomorphisme $f(U) : G(U) \longrightarrow G'(U)$, de telle manière que, si $V \subset U$, le diagramme

$$\begin{array}{ccc} G(U) & \xrightarrow{f(U)} & G'(U) \\ \downarrow{\scriptstyle \varphi_{VU}} & & \downarrow{\scriptstyle \varphi'_{VU}} \\ G(V) & \xrightarrow{f(V)} & G'(V) \end{array}$$

soit commutatif; f est donc un morphisme du foncteur contravariant G dans le foncteur contravariant G'.

Ces définitions s'appliquent aussi bien à d'autres catégories que celles des groupes abéliens; on peut notamment considérer des <u>pré-faisceaux d'anneaux</u> (à élément unité), étant entendu que, dans la catégorie des anneaux, les homomorphismes d'anneaux doivent transformer l'élément unité en l'élément unité.

L'image d'un $x \in G(U)$ par $\varphi_{VU} : G(U) \to G(V)$ se note souvent $x \mid V$, et s'appelle la <u>restriction</u> de x à V.

Un <u>faisceau</u> de groupes abéliens (resp. d'anneaux, etc...) sur l'espace T est, par définition un préfaisceau G qui satisfait à la condition suivante:

(F) Si un ouvert U est réunion d'ouverts U_i, et si l'on se donne, pour chaque i, un $x_i \in G(U_i)$ de façon que

$$x_i \mid U_i \cap U_j = x_j \mid U_i \cap U_j \quad \text{quels que soient i et j,}$$

alors il existe un $x \in G(U)$ <u>et un seul</u>, tel que

$$x \mid U_i = x_i \quad \text{pour tout i .}$$

Les faisceaux sur T forment une sous-catégorie pleine de la catégorie des préfaisceaux: si G et G' sont deux faisceaux, les morphismes $G \to G'$, dans la catégorie des faisceaux, sont les mêmes que dans la catégorie des préfaisceaux.

Les fonctions numériques différentiables, sur une variété différentiable T, donnent un exemple de <u>faisceau d'anneaux</u>: pour chaque ouvert U, G(U) est l'anneau des fonctions différentiables dans U; la condition (F) est satisfaite. De même, sur une variété analytique complexe, on a le faisceau des fonctions holomorphes, noté souvent $\mathcal{O}$: c'est un faisceau d'anneaux.

<u>Définition:</u> on appelle <u>espace étalé</u> sur T un couple (F,p), où

F est un espace topologique, et p: $F \longrightarrow T$ une application continue qui est <u>localement un homéomorphisme</u> (i.e.: chaque point $x \in F$ possède un voisinage ouvert U tel que la restriction de p à U soit un homéomorphisme de U sur un voisinage ouvert de p(x)).

L'espace T étant donné, les espaces étalés sont les objets d'une catégorie dont les morphismes $(F,p) \longrightarrow (F',p')$ sont les applications continues $f : F \longrightarrow F'$ rendant commutatif le diagramme

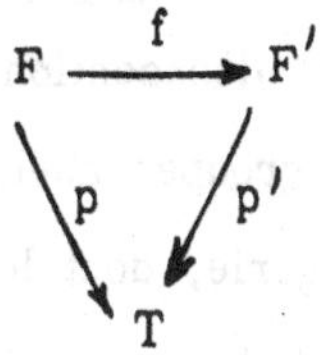

(autrement dit, f doit appliquer la <u>fibre</u> $F_t = p^{-1}(t)$ dans la fibre $F'_t = p'^{-1}(t)$, quel que soit $t \in T$).

Le <u>produit fibré</u> de deux espaces étalés (F,p) et (F',p') est l'espace (F'',p''), où F'' désigne le sous-espace du produit $F \times F'$ formé des couples (x,x') tels que $p(x)=p'(x')$, et où p'' est définie par

$$p''(x,x') = p(x) = p'(x') .$$

Une <u>section</u> d'un espace étalé $p : F \longrightarrow T$ est, par définition, une application $s : T \longrightarrow F$ telle que $p \circ s$ soit l'identité de T. Si s est <u>continue</u>, c'est un homéomorphisme de T sur l'espace image $s(T) \subset F$.

<u>Définition:</u> on appelle <u>espace étalé en groupes abéliens</u> (sur T) un espace étalé (F,p) dans lequel chaque fibre F_t est munie d'une structure de groupe abélien (noté additivement), de façon que soient vérifiées les deux conditions suivantes :

(i) l'application $F \times_T F \longrightarrow F$, définie par la loi de composition dans chaque fibre, est continue (c'est donc un morphisme d'espaces étalés) ;

(ii) la section zéro (qui à chaque $t \in T$ associe l'élément neutre du groupe F_t) est continue.

On définit de même un espace étalé en anneaux (à élément unité) : chaque fibre F_t a une structure d'anneau, l'addition et la multiplication définissent deux applications continues $F \times_T F \longrightarrow F$, la section zéro et la section un sont des sections continues.

Les espaces étalés en groupes abéliens (resp. en anneaux) sur T sont les objets d'une catégorie, dont les morphismes sont les applications $f : F \longrightarrow F'$ qui sont des morphismes d'espaces étalés, et induisent en outre, pour chaque $t \in T$, un homomorphisme de groupes abéliens (resp. d'anneaux) $F_t \longrightarrow F'_t$.

On va définir deux foncteurs covariants Γ et L : le foncteur Γ fait passer de la catégorie des espaces étalés sur T à celle des faisceaux sur T, le foncteur L fait passer de la catégorie des préfaisceaux sur T à celle des espaces étalés sur T.

Le foncteur Γ : soit (F,p) un espace étalé en groupes abéliens (resp. en anneaux à élément unité) sur T; pour chaque ouvert $U \subset T$, l'ensemble $\Gamma(U,F)$ des sections continues $U \longrightarrow F$ est muni d'une structure de groupe abélien (resp. d'anneau à élément unité); pour $V \subset U$, on a un homomorphisme de restriction $\Gamma(U,F) \longrightarrow \Gamma(V,F)$. D'où un préfaisceau noté $\Gamma(\quad,F)$, ou simplement $\Gamma(F)$. Il est immédiat que c'est un faisceau. De plus, si $f : F \longrightarrow F'$ est un morphisme d'espaces étalés en groupes abéliens (resp. en anneaux), f induit, pour chaque ouvert U, un homomorphisme $\Gamma(U,F) \longrightarrow \Gamma(U,F')$ (à savoir celui qui, à chaque section continue $s : U \to F$, associe la section $f \circ s : U \to F'$), donc définit un morphisme $\Gamma(F) \to \Gamma(F')$. On a ainsi défini un foncteur Γ.

Le foncteur L : soit $G = (G(U), \varphi_{VU})$ un préfaisceau de groupes abéliens (resp. d'anneaux). Pour chaque $t \in T$, soit F_t le groupe abélien (resp. d'anneau)

$$\varinjlim_{U \ni t} G(U),$$

limite inductive des G(U) associés aux voisinages ouverts U de t, relativement aux homomorphismes φ_{VU}. Soient F la réunion des F_t ($t \in T$), et $p : F \to T$ la projection évidente. On va définir sur F une topologie qui fera de (F, p) un espace étalé en groupes abéliens (resp. en anneaux). Pour chaque ouvert $U \subset T$, et chaque $\xi \in G(U)$, soit

$$s_\xi : U \to F$$

l'application qui, à chaque $t \in U$, associe l'image de ξ dans la limite inductive F_t ; s_ξ est une section de F au-dessus de U. Définissons, sur F, la topologie la plus fine rendant ces sections continues; pour cette topologie, les $s_\xi(U)$ forment un système fondamental d'ouverts de F, et on vérifie que (F, p) est alors un espace étalé en groupes abéliens (resp. anneaux). Soit maintenant $G \to G'$ un morphisme de préfaisceaux; les homomorphismes $F_t \to F'_t$ obtenus par passage à la limite inductive définissent un morphisme $F \to F'$ d'espaces étalés en groupes abéliens (resp. en anneaux). Ceci achève de définir le foncteur L .

Avec les notations précédentes, l'application $\xi \longrightarrow s_\xi$ est un homomorphisme du groupe (resp. anneau) G(U) dans le groupe (resp. anneau) des sections continues du faisceau F au-dessus de U :

$$G(U) \longrightarrow \Gamma(U, L(G)) .$$

Quand U varie, ces homomorphismes définissent un morphisme de préfaisceaux : $G \longrightarrow \Gamma L(G)$. Le faisceau $\Gamma L(G)$ s'appelle le faïsceau associé à G .

Soit maintenant F un espace étalé quelconque en groupes abéliens (resp. anneaux). Si $f : L(G) \longrightarrow F$ est un morphisme d'espaces étalés en groupes abéliens (resp. anneaux), le morphisme composé

$$G \longrightarrow \Gamma L(G) \xrightarrow{\Gamma(f)} \Gamma(F)$$

est un morphisme de préfaisceaux; d'où une application

$$(2.1) \qquad \mathrm{Hom}_{\text{ét.}}(L(G), F) \longrightarrow \mathrm{Hom}_{\text{préf.}}(G, \Gamma(F)) ;$$

elle est naturelle vis-à-vis des morphismes $G \longrightarrow G'$ et $F \longrightarrow F'$. On vérifie aussitôt que l'application (2.1) est une bijection. Elle fait donc des foncteurs L et Γ des foncteurs adjoints au sens de Kan. En particulier, prenons $G = \Gamma(F)$ dans (2.1); au second membre, on a un élément privilégié de $\mathrm{Hom}(\Gamma(F), \Gamma(F))$, à savoir le morphisme identique; alors (2.1) lui associe un morphisme

(2.2) $$L\,\Gamma\,(F) \longrightarrow F\,,$$

défini naturellement pour tout espace étalé F. On prouve facilement que (2.2) est un isomorphisme d'espaces étalés. D'autre part, lorsque G est un faisceau, le morphisme $G \longrightarrow \Gamma\, L\,(G)$ est un isomorphisme de faisceaux.

De tout ceci il résulte que si on considère L comme un foncteur de la catégorie des faisceaux dans la catégorie des espaces étalés, les foncteurs I et Γ sont inverses l'un de l'autre (i. e. : on a un isomorphisme naturel de $L\Gamma$ avec l'identité, et un isomorphisme naturel de ΓL avec l'identité). Ceci définit une équivalence de catégories entre la catégorie des faisceaux de groupes abéliens (resp. d'anneaux) sur T, et la catégorie des espaces étalés en groupes abéliens (resp. en anneaux) sur T.

Désormais, par abus de langage, on dira "faisceau" au lieu d' "espace étalé". Tantôt le point de vue des faisceaux est plus commode, tantôt c'est le point de vue des espaces étalés. Par exemple, si T est une variété analytique complexe, on confondra le faisceau $\mathcal{O}$ des fonctions holomorphes, avec l'espace étalé en anneaux $\mathcal{O}_t$ ($\mathcal{O}_t$ étant l'anneau des germes de fonctions holomorphes au point $t \in T$).

Faisceau constant : soit g un groupe abélien. On va définir le faisceau constant de groupe g, sur l'espace topologique T, en adoptant par exemple le point de vue des espaces étalés: on munit g de la topologie discrète, on prend pour F l'espace topologique produit T x g, pour p la première projection $T \times g \longrightarrow T$; chaque fibre s'identifie à g, ce qui définit la structure de groupe abélien des fibres. On note aussi g le faisceau constant défini par g. On définit de même le faisceau constant associé à un anneau.

On dit qu'un faisceau sur T est trivial s'il est isomorphe à un faisceau constant.

3. Faisceau de modules sur un faisceau d'anneaux.

Désormais, on se donne un espace topologique T et un faisceau d'anneaux A (il s'agit d'anneaux commutatifs à élément unité). On adopte le point de vue des espaces étalés, bien qu'on emploie le mot "faisceau".

Définition : on appelle faisceau de A-modules un faisceau de groupes abéliens F, muni de la donnée, pour chaque $t \in T$, d'une structure de A_t-module sur la fibre F_t ; ces données sont assujetties à la condition suivante : l'application

$$A \times_T F \longrightarrow F$$

définie par la multiplication, dans chaque fibre F_t, par les scalaires de A_t, est continue.

Si F et F' sont deux faisceaux de A-modules, on appelle morphisme $f : F \longrightarrow F'$ un morphisme de faisceaux tel que, pour chaque $t \in T$, l'application $f_t : F_t \longrightarrow F'_t$ soit A_t-linéaire.

Les faisceaux de A-modules forment ainsi une catégorie. Elle possède un élément privilégié : le faisceau A lui-même, considéré comme faisceau de A-modules (chaque anneau A_t étant considéré comme A_t-module au moyen de la loi de multiplication).

La théorie des faisceaux de A-modules contient, comme cas particulier, celle des faisceaux de groupes abéliens : elle correspond au cas où A est le faisceau constant Z (anneau des entiers).

Soit F un faisceau de A-modules (on adopte ici le point de vue des espaces étalés); un sous-faisceau F' est un sous-espace ouvert de l'espace étalé $F \xrightarrow{p} T$, tel que, pour chaque $t \in T$, la fibre F'_t soit un sous-module du A_t-module F_t. Alors l'application $A \times_T F \longrightarrow F$ définit, par restriction, une application $A \times_T F' \longrightarrow F'$ qui fait de F' un faisceau de A-modules.

Soient F un faisceau de A-modules, et F' un sous-faisceau comme ci-dessus. Le faisceau-quotient F/F' est défini comme suit : sa fibre au-dessus de t est le A_t-module quotient F_t/F'_t, et sa topologie est la topologie-quotient de celle de F, pour l'application canonique $F \longrightarrow F/F'$. On vérifie que F/F' est bien un faisceau de A-modules, et que la propriété suivante a lieu : pour tout $t \in T$, et toute section continue $s : U \longrightarrow F/F'$ au-dessus d'un ouvert U contenant t, il existe un ouvert V tel que $t \in V \subset U$, et une section continue σ : $V \longrightarrow F$, telle que la section composée $V \xrightarrow{\sigma} F \longrightarrow F/F'$ soit égale à la restriction de s à V. En revanche, il n'existe pas nécessairement de section continue $U \longrightarrow F$ telle que la composée $U \longrightarrow F \longrightarrow F/F'$ soit égale à s.

Noyau, image, conoyau : soit $u : F \longrightarrow G$ un morphisme de faisceaux de A-modules (sur l'espace T). Pour chaque $t \in T$, soit $\operatorname{Ker} u_t \subset F_t$ le noyau de l'application A_t-linéaire $u_t : F_t \longrightarrow G_t$. On vérifie que les $\operatorname{Ker} u_t$, quand t parcourt T, forment un sous-faisceau de F; on l'appelle le noyau du morphisme u, et on le note Ker u. De même, la collection des $\operatorname{Im} u_t \subset G_t$ est un sous-faisceau de G, appelé l'image du morphisme u, et noté Im u. Enfin, le faisceau quotient G/Im u s'appelle le conoyau de u, et se note Coker u.

Soit $F \xrightarrow{u} G \xrightarrow{v} H$ une suite de faisceaux de A-modules et de morphismes. On dit que c'est une suite exacte si

$$\mathrm{Im}\, u = \mathrm{Ker}\, v .$$

Ceci exprime que, pour chaque $t \in T$, la suite de A_t-modules et d'application A_t-linéaires

$$F_t \xrightarrow{u_t} G_t \xrightarrow{v_t} H_t$$

est exacte.

Si $u : F \to G$ est un morphisme, on a les deux suites exactes

$$0 \to \mathrm{Ker}\, u \to F \to \mathrm{Im}\, u \to 0,$$
$$0 \to \mathrm{Im}\, u \to G \to \mathrm{Coker}\, u \to 0,$$

qui fournissent la décomposition canonique du morphisme u.

Enfin, soit $(F_i)_{i \in I}$ une famille de faisceaux de A-modules. On appelle somme directe de cette famille, et on note $\bigoplus_{i \in I} F_i$, le faisceau dont chaque fibre est la somme directe $\bigoplus_{i \in I} (F_t)_i$, muni d'une topologie évidente.

Exemples de faisceaux de A-modules et de morphismes.

Exemple 1 : soit T une variété différentiable C^∞; soit $\mathbf{R}$ le faisceau constant défini sur T par l'anneau (corps) des nombres réels, et soit, pour chaque entier $n \geqslant 0$, Ω^n le faisceau des formes différentielles (réelles) de degré n, et de classe C^∞. On définit la suite de morphismes

$$(3.1) \qquad 0 \to \mathbb{R} \xrightarrow{i} \Omega^0 \xrightarrow{d} \Omega^1 \to \dots \to \Omega^n \xrightarrow{d} \Omega^{n+1} \to \dots$$

où d est induit par l'opération de différentiation extérieure des formes différentielles, et i est l'inclusion (qui, à tout élément $c \in \mathbb{R}$, associe le germe de fonction constant égale à c). La suite (3.1) est une suite exacte, en vertu du théorème classique de Poincaré qui affirme que toute forme différentielle ω de degré $n \geq 1$, dans un ouvert U, telle que $d\omega = 0$, est, au voisinage de chaque point de U, égale à la différentielle extérieure d'une forme de degré n-1.

Exemple 2 : T désigne une variété analytique complexe, $\mathcal{O}$ le faisceau des fonctions holomorphes; soit $\Omega^{p,q}$ le faisceau des formes différentielles (complexes) de type (p,q), c'est-à-dire qui, avec des coordonnées locales complexes $z_1, \dots, z_n$, s'expriment comme sommes de formes

$$f(z)\, dz_{i_1} \wedge \dots \wedge dz_{i_p} \wedge d\bar{z}_{j_1} \wedge \dots \wedge d\bar{z}_{j_q} ,$$

f étant de classe C^∞. Soit d'' l'opérateur de différentiation extérieure partielle (noté aussi souvent $\bar{\partial}$) qui, à chaque forme ω de type (p,q), associe la composante de type (p,q+1) de $d\omega$. On a la suite de faisceaux

$$(3.2) \qquad 0 \to \mathcal{O} \xrightarrow{j} \Omega^{0,0} \xrightarrow{d''} \Omega^{0,1} \xrightarrow{d''} \dots$$

$$\dots \to \Omega^{0,n} \xrightarrow{d''} \Omega^{0,n+1} \to \dots$$

Le morphisme j est défini par l'inclusion de l'anneau des fonctions holomorphes dans l'anneau des fonctions complexes de classe C^{∞}; on sait que si f est une fonction complexe de classe C^{∞} dans un ouvert U, la condition $d''f=0$ exprime que f est holomorphe. La suite $\mathcal{O} \xrightarrow{j} \Omega^{0,0} \xrightarrow{d''} \Omega^{0,1}$ est donc exacte. De plus, si on considère tous les faisceaux de la suite (3.2) comme des faisceaux de $\mathcal{O}$-modules, les morphismes d'' sont des morphismes dans la catégorie des faisceaux de $\mathcal{O}$-modules, puisque $d''f = 0$ pour une fonction holomorphe f. Enfin, la suite (3.2) est une suite exacte, en vertu du théorème de Grothendieck-Dolbeault, qui est pour d'' l'analogue du théorème de Poincaré pour d : si une forme différentielle ω de type (p,q) ($q \geqslant 1$), dans un ouvert U, satisfait à $d''\omega = 0$, alors, au voisinage de chaque point de U, il existe une forme différentielle $\bar{\omega}$ de type (p,q-1), telle que $d''\bar{\omega} = \omega$.

Il n'est pas possible de donner ici la démonstration de ce résultat; mais, en raison de son importance, on va énoncer deux théorèmes précis, dont il résulte :

Théorème 3.1. - Considérons, dans l'espace $\mathbb{C}^n = \mathbb{C}\times\ldots\times\mathbb{C}$, le produit $K = K_1 \times \ldots \times K_n$ de n compacts K_i (un dans chaque espace facteur $\mathbb{C}$). Soit ω une forme différentielle de type (p,q) ($q \geqslant 1$) et de classe C^k ($n-q < k \leqslant +\infty$) au voisinage de K. Si $d''\omega = 0$ au voisinage de K, il existe, dans un voisinage de K (éventuellement plus petit), une forme différentielle $\bar{\omega}$, de type (p,q-1) et de classe $C^{k-(n-q)}$, telle que $d''\bar{\omega} = \omega$ au voisinage de K.

Ce théorème se prouve, par un procédé de récurrence, à partir du lemme suivant :

Lemme. - Soit f(z) une fonction d'une variable complexe z, bornée et de classe C^k ($k \geqslant 1$) dans un ouvert borné $D \subset \mathbb{C}$. Alors l'intégrale

$$\frac{1}{2\pi i} \iint_D \frac{f(t)\, dt \wedge d\bar{t}}{t - z} = g(z)$$

a un sens, la fonction $g(z)$ est bornée dans D, de classe C^k, et on a $d''g = f(z)d\bar{z}$. Si en outre f est fonction de classe C^h de certains paramètres réels (resp. est fonction holomprphe de certains paramètres complexes), il en est de même de g.

Théorème 3.2. - Considérons, dans l'espace $\mathbf{C}^n$, le produit $U = U_1 \times \ldots \times U_n$ de n ouverts U_i (un dans chaque facteur $\mathbf{C}$). Soit ω une forme différentielle de type (p,q) $(q \geqslant 1)$ et de classe C^∞ dans U, telle que $d''\omega = 0$. Alors il existe, dans U, une forme différentielle $\bar{\omega}$, de type $(p, q-1)$ et de classe C^∞, telle que $d''\bar{\omega} = \omega$ dans U.

Ce théorème se déduit du théorème 3.1 en appliquant ce dernier à des produits de compacts $K_i \subset U_i$, puis en faisant un passage à la limite qui utilise des théorèmes d'approximation pour les fonctions holomorphes. Si on ne veut pas utiliser le théorème d'approximation de Runge dans le cas le plus général, on peut se borner à prouver le théorème 3.2 dans le cas où les U_i sont des disques ouverts de $\mathbf{C}$; ce cas suffit pour la suite, et les théorèmes A et B (voir ci-dessous) permettront ensuite de récupérer le théorème 3.2 dans le cas général.

4. Faisceaux cohérents.

Comme au nº. 3, on considère, sur l'espace T, des faisceaux

de A-modules, A étant un faisceau cohérent d'anneaux. Si F est un tel faisceau, un morphisme $f : A \longrightarrow F$ est défini par la donnée de la section continue $u \in \Gamma(T,F)$, image de la section-unité de A par f; u peut être choisie arbitrairement, et définit, pour chaque $t \in T$, l'application $f_t : A_t \longrightarrow F_t$ par A_t-linéarité.

Désignons, pour p entier > 0, par A^p le faisceau de A-modules, somme directe de p faisceaux isomorphes à A. Un morphisme $A^p \longrightarrow F$ est défini par la donnée de p sections continues de F.

Pour que $f : A^p \longrightarrow F$ soit surjectif, c'est-à-dire de conoyau 0, il faut et il suffit que les p sections $s_1, \ldots, s_p \in \Gamma(X,F)$ qui définissent f jouissent de la propriété suivante : pour tout $t \in T$, tout élément de F_t est combinaison linéaire, à coefficients dans A_t, de $s_1, \ldots, s_p$ (ou, plus exactement, des images de $s_1, \ldots, s_p$ par l'application canonique $\Gamma(X,F) \longrightarrow F_t$).

Dans ce qui suit, nous suivons le mode d'exposition dû à Serre [13].

Définition : un faisceau F de A-modules est de type fini si tout point $t \in T$ possède un voisinage ouvert U jouissant de la propriété suivante: il existe un entier p et un morphisme surjectif $(A|U)^p \longrightarrow F|U$ ($F|U$ désigne la restriction du faisceau F au sous-espace $U \subset T$: de même pour $A|U$).

La propriété, pour un faisceau de A-modules, d'être de type fini, a donc un caractère local.

Définition : un faisceau F de A-modules est dit cohérent s'il est de type fini, et s'il satisfait en outre à la condition

(a) pour tout ouvert $U \subset T$, et tout morphisme $(A|U)^p \longrightarrow F|U$, le noyau de ce morphisme est un faisceau de type fini (dans U).

La propriété, pour un faisceau, d'être cohérent, a un caractère local.

Tout sous-faisceau de type fini d'un faisceau cohérent est cohérent : c'est trivial, d'après la condition (a).

Toute extension d'un faisceau cohérent par un faisceau cohérent est un faisceau cohérent : cela signifie que si on a une suite exacte

$$0 \longrightarrow F' \longrightarrow F \longrightarrow F'' \longrightarrow 0\,,$$

et si F' et F'' sont cohérents, F est cohérent. En particulier, la somme directe de deux faisceaux cohérents (donc d'un nombre fini de faisceaux cohérents) est un faisceau cohérent.

Soit $u : F \longrightarrow G$ un morphisme, F et G étant cohérents. Alors Ker u, Im u et Coker u sont des faisceaux cohérents.

Toutes ces propriétés se prouvent sans difficulté (cf. [13]).

Elles permettent de travailler avec les faisceaux cohérents: en fait, ils forment une "catégorie abélienne".

L'intérêt de la notion de faisceau cohérent est que ceux-ci permettent de passer de propriétés ponctuelles à des propriétés locales. Par exemple :

Proposition 4.1. - Soit $F \xrightarrow{u} G \xrightarrow{v} H$ une suite de faisceaux cohérents et de morphismes. Si, en un point t, la suite $F_t \xrightarrow{u_t} G_t \xrightarrow{v_t} H_t$ est exacte, il en est de même en tous les points suffisamment voisins.

En effet, le faisceau Ker $(v \circ u)$ est un faisceau cohérent M; c'est un sous-faisceau de F; le faisceau cohérent F/M est nul au point t par hypothèse, donc il est nul en tout point t' assez voisin de t (parce qu'il est de type fini). Cela signifie que $v_{t'} \circ u_{t'} = 0$ pour t' assez voisin de t, donc que Im u $\subset$ Ker v dans un voisinage de t. Dans ce voisinage, Ker v/Im u est un faisceau cohérent ; ce faisceau est nul au point t, donc nul dans un voisinage de t.

C.Q.F.D.

Jusqu'à présent, rien ne garantit l'existence de faisceaux cohérents, en dehors du faisceau nul. Mais supposons que le faisceau A soit cohérent (comme faisceau de A-modules). Alors, pour tout entier $p > 0$, A^p est cohérent; le conoyau de tout homomorphisme $A^q \longrightarrow A^p$ est donc un faisceau cohérent. On obtient de cette manière tous les faisceaux cohérents, au moins localement (et à un isomorphisme près). Autrement dit, si F est cohérent, tout $t \in T$ possède un voisinage ouvert U dans lequel il existe une suite exacte

$$(A|U)^q \longrightarrow (A|U)^p \longrightarrow F|U \longrightarrow 0 ;$$

cela résulte des définitions, et c'est vrai même sans supposer que A soit cohérent.

Explicitons la condition : "A est cohérent". Cela exprime que A satisfait à la condition (a) (car A est évidemment de type fini) : quel que soit l'ouvert $U \subset T$, et quelles que soient les sections continues $s_1, \dots, s_p \in \Gamma(U, A)$ en nombre fini, le faisceau des relations entre $s_1, \dots, s_p$ est de type fini dans U. [On appelle "faisceau des relations" le sous-faisceau $N \subset A^p$ tel que, en chaque point $t \in U$, N_t se compose des $(c_1, \dots, c_p) \in (A_t)^p$ satisfaisant à $\sum_{i=1}^{p} c_i s_i = 0$

dans l'anneau A_t] .

THEOREME D'OKA . - Si $\mathcal{O}$ est le faisceau des fonctions holomorphes sur une variété analytique complexe, $\mathcal{O}$ est un faisceau cohérent d'anneaux.

Comme la question est locale, on peut se borner à un ouvert de $\mathbb{C}^n$. Il suffit donc de montrer que, dans $\mathbb{C}^n$, $\mathcal{O}$ est un faisceau cohérent. Or ceci est vrai, plus généralement, si on remplace $\mathbb{C}$ par un corps valué complet, non discret, K : dans K^n, le faisceau des germes de fonctions holomorphes (c'est-à-dire des germes de fonctions développables en séries entières convergentes) est un faisceau cohérent.

La démonstration est trop longue pour être donnée ici (voir par ex. [1] et [4]); elle utilise le théorème de préparation de Weierstrass.

Quand on parlera de faisceaux cohérents sur une variété analytique complexe, il sera toujours sous-entendu qu'il s'agit de faisceaux cohérents de $\mathcal{O}$-modules, $\mathcal{O}$ désignant le faisceau des fonctions holomorphes.

Corollaire du théorème d'Oka. - Soit F un faisceau cohérent sur une variété analytique complexe T . Soit $t \in T$, et supposons que le $\mathcal{O}_t$-module F_t admette une résolution libre de type fini et de longueur $\leq p$. Alors t possède un voisinage ouvert U dans lequel il existe une résolution libre, de type fini, de longueur $\leq$ p, du faisceau $F|U$:

$$(4.1) \qquad 0 \longrightarrow X_p \longrightarrow X_{p-1} \longrightarrow \ldots \longrightarrow X_1 \longrightarrow X_o \longrightarrow F|U \longrightarrow 0 .$$

Cela signifie que chaque faisceau X_i est isomorphe à un faisceau $(\mathcal{O}|U)^{p_i}$, et que la suite (4.1) est exacte.

Démonstration : par hypothèse, on a une suite exacte de $\mathcal{O}_t$-modules :

$$0 \to (\mathcal{O}_t)^{q_p} \to (\mathcal{O}_t)^{q_{p-1}} \to \dots \to (\mathcal{O}_t)^{q_1} \to (\mathcal{O}_t)^{q_0} \to F_t \to 0.$$

Le théorème d'Oka entraîne immédiatement qu'il existe un voisinage ouvert V de t dans laquelle cette suite se prolonge en une suite de morphismes de faisceaux

$$0 \to (\mathcal{O}|V)^{q_p} \to (\mathcal{O}|V)^{q_{p-1}} \to \dots \to (\mathcal{O}|V)^{q_1} \to (\mathcal{O}|V)^{q_0} \to F|V \to 0.$$

Comme, par hypothèse, la suite est exacte au point t, elle est exacte aux points t' assez voisins de t, par application répétée (finie) de la proposition 4.1. Si donc U est un ouvert assez petit contenant t (et contenu dans V), on aura une suite exacte de faisceaux

$$0 \to (\mathcal{O}|U)^{q_p} \to (\mathcal{O}|U)^{q_{p-1}} \to \dots \to (\mathcal{O}|U)^{q_1} \to (\mathcal{O}|U)^{q_0} \to F|U \to 0,$$

ce qui établit le corollaire.

Compte tenu du théorème 1.1, le corollaire précédent est applicable pour p=n, n désignant la dimension (complexe) de la variété analytique complexe T. Donc tout faisceau cohérent F admet, au voisinage de tout point, une résolution libre, de type fini, et de longueur $\leq$ n. On démontrera plus loin (n° 6) l'existence globale d'une telle résolution au voisinage de tout cube compact de $\mathbb{C}^n$ (c'est-à-dire d'un produit de 2n intervalles compacts de $\mathbb{R}^{2n}$ identifié à $\mathbb{C}^n$).

5. Cohomologie à coefficients dans un faisceau de groupes abéliens.

On se borne ici à un bref rappel; pour plus de détails, voir [7]. Soit X un espace topologique, donné une fois pour toutes. A chaque faisceau F de groupes abéliens, sur X, associons le groupe abélien $\Gamma(X,F)$ des sections continues de F au-dessus de X; et à chaque morphisme $F \longrightarrow F'$, l'homomorphisme $\Gamma(X,F) \longrightarrow \Gamma(X,F')$ qu'il définit. On définit ainsi un foncteur covariant de la catégorie des faisceaux (de groupes abéliens) dans la catégorie des groupes abéliens. Ce foncteur est exact à gauche, dans le sens suivant : si $0 \longrightarrow F' \longrightarrow F \longrightarrow F'' \longrightarrow 0$ est une suite exacte de faisceaux, la suite des homomorphismes associés

$$0 \longrightarrow \Gamma(X,F') \longrightarrow \Gamma(X,F) \xrightarrow{g} \Gamma(X,F'')$$

est exacte (vérification immédiate). En revanche, g n'est pas nécessairement surjectif; et c'est ce fait qui conduit à introduire les "foncteurs dérivés" du foncteur "section", qui sont précisément les groupes de cohomologie $H^n(X,F)$. En voici une caractérisation axiomatique :

Pour chaque entier $n \geqslant 0$, le groupe abélien $H^n(X,F)$ est un foncteur covariant (additif) du faisceau F ; pour chaque suite exacte

$$(5.1) \qquad 0 \longrightarrow F' \longrightarrow F \longrightarrow F'' \longrightarrow 0$$

on suppose donnés des "homomorphismes de connexion"

$$\delta^n : H^n(X,F'') \longrightarrow H^{n+1}(X,F'), \qquad n \geqslant 0,$$

qui dépendent fonctoriellement de la suite (5.1). Enfin, on suppose donné, pour chaque faisceau F, un isomorphisme

$$H^\circ (X,F) \approx \Gamma(X,F),$$

fonctoriel en F. Les données précédentes sont assujetties à deux conditions :

(i) pour toute suite exacte (5.1), la suite

$$0 \longrightarrow H^\circ(X,F') \longrightarrow H^\circ(X,F) \longrightarrow H^\circ(X,F'') \xrightarrow{\delta^\circ} H^1(X,F') \longrightarrow \dots$$

$$\dots \longrightarrow H^n(X,F') \longrightarrow H^n(X,F) \longrightarrow H^n(X,F'') \xrightarrow{\delta^n} H^{n+1}(X,F') \rightarrow \dots$$

est exacte ("suite exacte de cohomologie");

(ii) si F est un faisceau <u>flasque</u> (ce qui signifie que, pour tout ouvert $U \subset X$, l'homomorphisme de restriction $\Gamma(X,F) \rightarrow \Gamma(U,F)$ est surjectif), on a

$$H^q(X,F) = 0 \qquad \text{pour } q \geqslant 1 .$$

On démontre qu'il existe de tels foncteurs $H^n(X,F)$; et que si on a deux solutions du problème, il existe un unique "isomorphisme" de l'une des solutions sur l'autre. On peut donc, pour utiliser les groupes de cohomologie $H^n(X,F)$, se contenter de connaître les propriétés ci-dessus.

Pour les "calculer", il est important de connaître le théorème suivant :

Théorème 5.1. - Soit une suite exacte (illimitée à droite) de faisceaux (de groupes abéliens)

(5.2) $$0 \longrightarrow F \longrightarrow L^{0} \longrightarrow L^{1} \longrightarrow \dots \longrightarrow L^{n} \longrightarrow \dots ,$$

et considérons la suite de groupes abéliens qu'elle définit

(5.3) $$\Gamma(X, L^{0}) \longrightarrow \Gamma(X, L^{1}) \longrightarrow \dots \longrightarrow \Gamma(X, L^{n}) \longrightarrow \dots$$

(Cette suite n'est pas nécessairement exacte). Le composé de deux homomorphismes consécutifs de la suite (5.3) étant zéro, cette suite définit un groupe différentiel gradué $\Gamma(X, L^{*})$ (où L^{*} est la somme directe des L^{n}), dont l'opérateur différentiel est de degré +1. Alors on a des isomorphismes canoniques (dépendant fonctoriellement de la suite (5.2)) :

(5.4) $$H^{n}(\Gamma(X, L^{*})) \longrightarrow H^{n}(X, F),$$

jouissant de la propriété suivante : si $H^{q}(X, L^{n}) = 0$ pour $q \geqslant 1$ et $n \geqslant 0$, les homomorphismes (5.4) sont des isomorphismes.

Ce théorème, qui généralise le théorème classique de De Rham (voir ci-dessous) se prouve comme suit: découpons la suite exacte (5.2) en petites suites exactes :

$$(5.5)\quad \begin{cases} 0 \longrightarrow F \longrightarrow L^{\circ} \longrightarrow Z^1 \longrightarrow 0 \\ 0 \longrightarrow Z^1 \longrightarrow L^2 \longrightarrow Z^2 \longrightarrow 0 \\ \text{etc...} \end{cases}$$

On a

$$(5.6)\quad H^n\Big(\Gamma(X,L^*)\Big) = \mathrm{Ker}\Big(\Gamma(X,L^n) \to \Gamma(X,L^{n+1})\Big)\Big/\mathrm{Im}\Big(\Gamma(X,L^{n-1}) \to$$
$$\to \Gamma(X,L^n)\Big) = \mathrm{Coker}\Big(\Gamma(X,L^{n-1}) \longrightarrow \Gamma(X,Z^n)\Big) \xrightarrow{\delta^{\circ}}$$
$$\xrightarrow{\delta^{\circ}} H^1(X,Z^{n-1}) \xrightarrow{\delta^1} H^2(X,Z^{n-2}) \longrightarrow \dots \xrightarrow{\delta^{n-1}} H^n(X,F),$$

ce qui définit l'homomorphisme (5.4). Si $H^q(X,L^n)=0$ pour $q \geqslant 1$ et $n \geqslant 0$, la "suite exacte de cohomologie", appliquée aux petites suites exactes (5.5), montre que dans (5.6) toutes les flèches sont des isomorphismes. Ceci achève la démonstration.

Remarque. - Tout faisceau de groupes abéliens F possède une résolution du type (5.2), où les L_i sont des faisceaux flasques (cf. [7]). Mais il y a souvent intérêt à utiliser d'autres résolutions. En voici deux exemples :

Exemple 1. - Soit X une variété différentiable de classe C^{∞}, paracompacte (par exemple, réunion dénombrable de compacts). Appliquons le théorème précédent à la suite exacte (3.1). On obtient des homomorphismes

$$(5.7)\qquad H^n(\Gamma(X,\Omega^*)) \longrightarrow H^n(X,\mathbf{R}).$$

$\Gamma(X, \Omega^*)$ n'est autre que le groupe différentiel gradué des formes différentielles (réelles) de classe C^∞, muni de l'opérateur de différentiation extérieure. De plus on a

$$H^q(X, \Omega^n) = 0 \qquad \text{pour } q \geqslant 1,\ n \geqslant 0\ ,$$

parce que le faisceau Ω^n est mou et que X est paracompact (cf. [7] ; le fait que Ω^n est mou tient à l'existence des partitions différentiables de l'unité). Donc les applications (5.7) sont des isomorphismes (théorème de De Rham).

Exemple 2. - Soit X une variété analytique complexe, paracompacte. Appliquons le théorème 5.1 à la suite exacte (3.2). On obtient des homomorphismes

$$(5.8) \qquad H^n(\Gamma(X, \Omega^{0,*})) \longrightarrow H^n(X, \mathcal{O})\ ;$$

ici, $\Omega^{0,*} = \bigoplus_{q \geqslant 0} \Omega^{0,q}$; $\Gamma(X, \Omega^{0,*})$ est la somme directe des espaces de formes différentielles de type (0,q), muni de l'opérateur d''; $H^n(\Gamma(X, \Omega^{0,*}))$ est donc ce qu'on appelle la d''-cohomologie de type (0,n). De plus, on a

$$H^q(X, \Omega^{0,n}) = 0 \qquad \text{pour } q \geqslant 1,\ n \geqslant 0,$$

car le faisceau $\Omega^{0,n}$ est mou, et la variété X paracompacte.

Il s'ensuit que les applications (5.8) sont des isomorphismes (théorème de Dolbeault). [En fait, le théorème de Dolbeault donne, plus généralement, un isomorphisme de la d''-cohomologie de type (p, q) avec $H^q(X, \mathcal{O}^{p,0})$, $\mathcal{O}^{p,0}$ désignant le faisceau des formes différentielles holomorphes de type (p, 0)] .

Conséquence : soit X une variété dont la d''-cohomologie $H^n(\Gamma(X, \Omega^{0,*}))$ est nulle pour tout $n \geqslant 1$. Alors $H^n(X, \mathcal{O}) = 0$ pour $n \geqslant 1$. Ceci s'applique notamment dans le cas où X est un polydisque de $\mathbb{C}^k$, en vertu du théorème 3.2.

Remarque : les isomorphismes (5.8) de l'exemple 2 sont encore valables si, au lieu de X, on prend par exemple un compact $K \subset X$; on considère les faisceaux induits, sur K, par les faisceaux $\Omega^{0,q}$ et $\mathcal{O}$ de l'espace ambient, et on leur applique encore le théorème 5.1.

Corollaire. - Soit, dans l'espace $\mathbb{C}^n$, un compact $K = K_1 \times \ldots \times K_n$, produit de compacts K_i dans chacun des espaces facteurs. On a

$$H^q(K, \mathcal{O}) = 0 \quad \text{pour} \quad q \geqslant 1 .$$

(En effet, d'après le théorème 3.1, la d''-cohomologie de K est nulle pour le type (p, q), dès que $q \geqslant 1$).

6. Résolution d'un faisceau cohérent au voisinage d'un cube de C^n.

On va s'inspirer du mode d'exposition dû à Gunning [8].

On se propose de prouver le résultat fondamental :

Théorème 6.1. - Soit F un faisceau $\mathcal{O}$-cohérent au voisinage d'un cube compact $P \subset \mathbb{C}^n$. Alors F possède, dans un voisinage de P, une résolution libre de type fini, et de longueur $\leqslant n$:

(6.1) $$0 \longrightarrow X_n \longrightarrow X_{n-1} \longrightarrow \dots \longrightarrow X_0 \longrightarrow F \longrightarrow 0.$$

Tirons tout de suite quelques conséquences de ce théorème.

Théorème A pour un cube compact. - Pour tout point $x \in P$, et tout faisceau cohérent F au voisinage de P, l'image de

$$\Gamma(P,F) \longrightarrow F_x$$

engendre F_x pour sa structure de $\mathcal{O}_x$-module.

Ceci découle simplement du fait qu'on a un morphisme surjectif de faisceaux sur P :

$$\mathcal{O}^p \longrightarrow F,$$

compte tenu de l'interprétation de la surjectivité (cf. le début du n° 4).

Théorème B pour un cube compact. - Pour tout faisceau cohérent F au voisinage de P, on a

$$H^q(P,F) = 0 \qquad \text{pour tout entier} \quad q \geqslant 1.$$

En effet, découpons la résolution (6.1) en petites suites exactes

(6.2) $$\left\{\begin{array}{l} 0 \longrightarrow Y_1 \longrightarrow X_0 \longrightarrow F \longrightarrow 0 \\ 0 \longrightarrow Y_2 \longrightarrow X_1 \longrightarrow Y_1 \longrightarrow 0 \\ \dots\dots\dots\dots\dots\dots \\ 0 \longrightarrow Y_{n-1} \longrightarrow X_{n-2} \longrightarrow Y_{n-2} \longrightarrow 0 \\ 0 \longrightarrow X_n \longrightarrow X_{n-1} \longrightarrow Y_{n-1} \longrightarrow 0 \end{array}\right.$$

On a

$$H^r(P, X_i) = 0 \quad \text{pour } r \geqslant 1 \quad (i = 0, \dots, n),$$

parce que chaque X_i est isomorphe à une somme directe de faisceaux isomorphes à $\mathcal{O}$, et que $H^r(P, \mathcal{O}) = 0$ pour $r \geqslant 1$ (cf. fin du n° 5, corollaire). Alors les suites exactes de cohomologie relatives aux suites exactes (6.2) donnent successivement, pour $q \geqslant 1$,

$$H^q(P,F) \approx H^{q+1}(P,Y_1) \approx H^{q+2}(P,Y_2) \approx \dots \approx H^{q+n}(P,X_n) = 0,$$

ce qui démontre le théorème.

Proposition 6.2. - Si on applique le foncteur $F \rightsquigarrow \Gamma(P,F)$ à la suite exacte (6.1), la suite que l'on obtient

$$0 \to \Gamma(P,X_n) \to \Gamma(P,X_{n-1}) \to \dots \to \Gamma(P,X_0) \to \Gamma(P,F) \to 0$$

est exacte [on obtient donc un "théorème des syzygies" pour le module $\Gamma(P,F)$ sur l'anneau $\Gamma(P, \mathcal{O})$ des fonctions holomorphes sur le cube compact P].

Démonstration : on applique le foncteur-section aux petites suites exactes (6.2); on obtient des suites

$$(6.3) \quad \begin{cases} 0 \to \Gamma(P,Y_1) \to \Gamma(P,X_0) \to \Gamma(P,F) \to 0 \\ 0 \to \Gamma(P,Y_2) \to \Gamma(P,X_1) \to \Gamma(P,Y_1) \to 0 \\ \dots\dots\dots\dots\dots\dots\dots\dots \end{cases}$$

qui sont exactes, parce que

$$H^1(P, Y_1) = 0, \quad H^1(P, Y_2) = 0, \ldots, \quad H^1(P, X_n) = 0$$

en vertu du théorème B ci-dessus. En composant les suites exactes (6.3), on obtient la proposition 6.2.

On va maintenant prouver le théorème 6.1. Il résultera du théorème suivant, qui dépend d'un entier $p \geqslant 0$.

Théorème $(6.3)_p$. - Soient P un cube compact de $\mathbb{C}^n$, et F un faisceau $\mathcal{O}$-cohérent au voisinage de P. Supposons que, en chaque point $x \in P$, le $\mathcal{O}_x$-module F_x admette une résolution libre de type fini et de longueur $\leqslant p$ (cf. n° 1). Alors le faisceau F possède, dans un voisinage de P, une résolution libre de type fini et de longueur $\leqslant p$.

Admettons pour un istant ce théorème. D'après le théorème 1.1, le module F_x admet une résolution libre de type fini et de longueur $\leqslant n$, et ceci quel que soit le point $x \in P$. Donc le théorème $(6.3)_n$ entraîne le théorème 6.1. Il nous reste donc seulement à prouver le théorème $(6.3)_p$, pour chaque p.

Attachons à chaque point $x \in P$ une résolution libre de type fini, de longueur $\leqslant p$, du $\mathcal{O}_x$-module F_x. D'après le corollaire du théorème d'Oka, chaque point $x \in P$ possède un voisinage ouvert U dans lequel existe une résolution libre de type fini, de longueur $\leqslant p$, du faisceau $F|U$. Un raisonnement de compacité et un quadrillage convenable du cube montre alors que le théorème $(6.3)_p$ sera démontré si nous savons résoudre le problème élémentaire de "recollement" que voici :

Problème (p). - Considérons, dans $\mathbb{R}^{2n} = \mathbb{R} \times \mathbb{R}^{2n-1}$, deux cubes $P' = I' \times Q$ et $P'' = I'' \times Q$, où I' et I'' désignent deux segments contigus de $\mathbb{R}$, et Q un cube compact de $\mathbb{R}^{2n-1}$; soit $P = P' \cup P'' = I \times Q$, avec $I = I' \cup I''$ (P est donc un cube compact, et $I' \cap I''$ est réduit à un point $\underline{a}$, de sorte que $P' \cap P''$ est un cube $\{a\} \times Q$). Soit F un faisceau cohérent au voisinage de P. Supposons connue une résolution libre, de type fini et de longueur $\leq p$, du faisceau F dans un voisinage de P' ; et de même dans un voisinage de P''. Il s'agit de constuire, dans un voisinage de P, une résolution libre, de type fini et de longueur $\leq p$, du faisceau F.

On va prouver, par récurrence sur p, que le problème (p) est soluble. La récurrence commence avec $p = 0$; mais la solution du problème (0) n'est nullement évidente. Dire que le problème (0) est soluble, c'est dire que tout faisceau cohérent F dont la restriction à P' et la restriction à P'' sont des faisceaux libres, est lui-même un faisceau libre au voisinage de P.

La solution du problème (0), puis la démonstration de la récurrence, utilisent le :

Lemme sur les matrices holomorphes inversibles. - Avec les notations précédentes, soit M une matrice carrée (à q lignes et q colonnes) holomorphe au voisinage de $P' \cap P''$, et inversible (i.e. dont le déterminant est $\neq 0$ en tout point de $P' \cap P''$, donc en tout point d'un voisinage). Alors il existe une matrice M' (à q lignes et q colonnes) holomorphe et inversible au voisinage de P', et une matrice M'' (à q lignes et q colonnes) holomorphe et inversible au voisinage de P'', telles que l'on ait

$$M = M'' \circ M'^{-1} \quad \text{dans un voisinage convenable de } P' \cap P''.$$

Nous ne démontrons pas ce lemme ici, et renvoyons à [3], ainsi qu'à un livre annoncé de Gravert-Remmert, qui contient une démonstration simplifiée de ce lemme.

On va maintenant résoudre le problème (0). Soit

$$\varphi' : \mathcal{O}^{q'} \longrightarrow F$$

un <u>isomorphisme</u> de faisceaux <u>au voisinage de</u> P', et soit

$$\varphi'' : \mathcal{O}^{q''} \longrightarrow F$$

un isomorphisme de faisceaux <u>au voisinage de</u> P''. Dans un voisinage convenable de $P' \cap P''$, on peut considérer l'isomorphisme

$$\varphi''^{-1} \circ \varphi' : \mathcal{O}^{q'} \longrightarrow \mathcal{O}^{q''} ;$$

L'existence d'un tel isomorphisme implique d'abord $q' = q''$; soit q leur valeur commune. Alors $\varphi''^{-1} \circ \varphi' : \mathcal{O}^q \longrightarrow \mathcal{O}^q$ est défini par q sections continues de $\mathcal{O}^q$ au voisinage de $P' \cap P''$, c'est-à-dire par une matrice holomorphe M (à q lignes et q colonnes) au voisinage de $P' \cap P''$. Comme $\varphi''^{-1} \circ \varphi'$ est un isomorphisme, M est inversible. D'après le lemme précédent, on a $M = M'' \circ M'^{-1}$, d'où

$$\varphi'' \circ M'' = \varphi' \circ M' \text{ au voisinage de } P' \cap P'' .$$

Or le premier membre est un isomorphisme $\mathcal{O}^q \longrightarrow F$ au voisinage de P', et le second un isomorphisme $\mathcal{O}^q \longrightarrow F$ au voisinage de P''.

Puisque ces deux isomorphismes coïncident au voisinage de $P' \cap P''$, ils définissent, dans un voisinage convenable de $P = P' \cup P''$, un isomorphisme $\mathcal{O}^q \to F$. Ceci résout le problème (0).

Soit maintenant $p \geq 1$, et supposons que le problème (p-1) soit résoluble pour tout faisceau cohérent F au voisinage de $P = P' \cup P''$. On va montrer que le problème (p) est résoluble. Par hypothèse, on a deux suites exactes de faisceaux:

$$(6,3) \quad \begin{cases} 0 \longrightarrow N' \xrightarrow{\psi'} \mathcal{O}^{q'} \xrightarrow{\varphi'} F \longrightarrow 0 \text{ au voisinage de } P', \\ 0 \longrightarrow N'' \xrightarrow{\psi''} \mathcal{O}^{q''} \xrightarrow{\varphi''} F \longrightarrow 0 \text{ au voisinage de } P'', \end{cases}$$

et le faisceau N' possède une résolution libre de type fini, de longueur $\leq$ p-1, au voisinage de P', tandis que N'' possède une résolution libre, de type fini, de longueur $\leq$ p-1, au voisinage de P''. Passant aux sections continues au-dessus de $P' \cap P''$, on obtient deux applications <u>surjectives</u> (cf. proposition 6.2)

$$\Gamma(P' \cap P'', \mathcal{O}^{q'}) \xrightarrow{f'} \Gamma(P' \cap P'', F)$$
$$\Gamma(P' \cap P'', \mathcal{O}^{q''}) \xrightarrow{f''} \Gamma(P' \cap P'', F).$$

Il existe donc une application $\Gamma(P' \cap P'', \mathcal{O})$-linéaire

$$g: \Gamma(P' \cap P'', \mathcal{O}^{q'}) \to \Gamma(P' \cap P'', \mathcal{O}^{q''})$$

telle que $f'' \circ g = f'$; une telle g est définie par les images des q' éléments de base $(1,0,\dots,0)$, $(0,1,0,\dots)$, $\dots$, $(0,\dots,0,1)$ de $\Gamma(P' \cap P'', \mathcal{O}^{q'})$, qui sont q' sections de $\mathcal{O}^{q''}$ au-dessus de $P' \cap P''$ (donc au-dessus d'un voisinage de $P' \cap P''$). Ces q' sections définissent un morphisme de faisceaux

$$\lambda : \mathcal{O}^{q'} \longrightarrow \mathcal{O}^{q''}$$

dans un voisinage de $P' \cap P''$, et il est immédiat que

(6.4) $$\varphi'' \circ \lambda = \varphi' \quad \text{au voisinage de } P' \cap P''.$$

Pour la même raison il existe, au voisinage de $P' \cap P''$, un morphisme

$$\mu : \mathcal{O}^{q''} \longrightarrow \mathcal{O}^{q'}$$

tel que

(6.5) $$\varphi' \circ \mu = \varphi'' \quad \text{au voisinage de } P' \cap P''.$$

Des suites exactes (6.3) on déduit les suites exactes

(6.6)
$$0 \rightarrow N' \oplus \mathcal{O}^{q''} \xrightarrow{(\psi',1)} \mathcal{O}^{q'} \oplus \mathcal{O}^{q''} \xrightarrow{(\varphi',0)} F \rightarrow 0 \text{ au voisinage de } P',$$
$$0 \rightarrow \mathcal{O}^{q'} \oplus N'' \xrightarrow{(1,\psi'')} \mathcal{O}^{q'} \oplus \mathcal{O}^{q''} \xrightarrow{(0,\varphi'')} F \rightarrow 0 \text{ au voisinage de } P''.$$

Observons que, au voisinage de P', le faisceau $N' \oplus \mathcal{O}^{q''}$ admet une résolution libre de type fini, de longueur $\leq p-1$; de même pour le faisceau $\mathcal{O}^{q'} \oplus N''$ au voisinage de P''.

Je dis que, au voisinage de $P' \cap P''$, il existe un <u>isomorphisme</u>

$$\nu : \mathcal{O}^{q'} \oplus \mathcal{O}^{q''} \longrightarrow \mathcal{O}^{q'} \oplus \mathcal{O}^{q''}$$

tel que

(6.7) $\qquad (0, \varphi'') \circ \nu = (\varphi', 0)$ au voisinage de $P' \cap P''$.

Pour définir ν , il suffit de dire comment il opère sur les couples (x', x'') de sections de $\mathcal{O}^{q'}$ et $\mathcal{O}^{q''}$; posons

$$\nu(x', x'') = (x' - \mu x'', \lambda x' + x'' - \lambda\mu x''),$$

où λ et μ ont été définis plus haut. On vérifie aussitôt (6.7) en utilisant (6.4) et (6.5); et on prouve que ν est un isomorphisme, en exhibant l'isomorphisme réciproque

$$(x', x'') \longrightarrow (x' + \mu x'' - \mu\lambda x', x'' - \lambda x').$$

D'après le lemme sur les matrices holomorphes inversibles, on a

$$\nu = M'' \circ M'^{-1} \quad \text{au voisinage de } P' \cap P'',$$

où M' (resp. M'') est une matrice holomorphe inversible (à q lignes et q colonnes, $q = q' + q''$) au voisinage de P' (resp. P''). La relation (6.7) donne alors

$$(0, \varphi'') \circ M'' = (0, \varphi') \circ M' \quad \text{au voisinage de } P' \cap P''.$$

Il existe donc, dans un voisinage de $P=P' \cup P''$, un morphisme φ: $\mathcal{O}^q \longrightarrow F$, qui coïncide avec $(0, \varphi'') \circ M''$ au voisinage de P'', et avec $(0, \varphi') \circ M'$ au voisinage de P'. Ce morphisme φ est surjectif; soit N son noyau. Au voisinage de P', N est isomorphe à $N' \oplus \mathcal{O}^q$; au voisinage de P'', N est isomorphe à $\mathcal{O}^{q'} \oplus N''$. Appliquons alors à N la solution du problème (p-1): on voit que N admet, au voisinage de P, une résolution libre de type fini et de longueur p-1. La suite exacte

$$0 \rightarrow N \longrightarrow \mathcal{O}^q \longrightarrow F \longrightarrow 0$$

fournit alors une résolution de F au voisinage de P, résolution qui est libre, de type fini et de longueur $\leq p$.

Nous avons ainsi démontré le théorème $(6.3)_p$ pour tout p; en particulier le théorème 6.1 est établi.

7. Théorèmes A et B : passage à la limite .

Au numéro précédent, nous avons établi deux théorèmes, désignés sous le nom de "théorème A" et de "théorème B", pour les cubes compacts de $\mathbb{C}^n$. On se propose d'établir des théorèmes analogues dans d'autres cas. Nous adopterons le langage suivant: nous dirons que les théorèmes A et B sont vrais pour un ouvert U (d'une variété analytique complexe X) et un faisceau cohérent F sur U, si les assertions suivantes sont vraies:

(a) l'image de $\Gamma(U,F) \longrightarrow F_x$ engendre le $\mathcal{O}_x$-module F_x, quel que soit $x \in U$;

(b) $H^q(U,F) = 0$ pour $q \geqslant 1$.

Proposition 7.1 - Si U est un polydisque relativement compact de $\mathbb{C}^n$, et si F est un faisceau cohérent au voisinage de l'adhérence $\bar{U}$, les théorèmes A et B sont vrais pour U et $F|U$.

En effet, on sait que $H^r(U, \mathcal{O}) = 0$ pour $r \geq 1$ (cf. la fin du n° 5). Par ailleurs, tout voisinage V de $\bar{U}$ contient un produit de disques ouverts $U_1 \times \ldots \times U_n$ contenant $\bar{U}$; par une transformation conforme sur chacune des variables complexes, on se ramène au cas où $U_1, \ldots, U_n$ sont des carrés ouverts; il existe donc un cube compact P contenu dans V et contenant $\bar{U}$. Si F est un faisceau cohérent au voisinage de $\bar{U}$, F est cohérent dans un V, donc au voisinage d'un cube compact P contenant $\bar{U}$. D'après le théorème 6.1, il existe, au voisinage de P (donc au voisinage de $\bar{U}$) une résolution libre de F, de type fini et de longueur $\leq n$. On peut la restreindre à l'ouvert U. Cela étant, le théorème A est vrai pour U et $F|U$ parce que, dans U, on a un morphisme surjectif de faisceaux $(\mathcal{O}|U)^p \longrightarrow F|U$. Quant au théorème B, il se démontre comme dans le cas du cube (cf. n° 6), compte tenu du fait que $H^z(U, \mathcal{O}) = 0$ pour $r \geq 1$.

La proposition 7.1 n'a qu'un intérêt transitoire. On verra en effet plus loin que les théorèmes A et B sont vrais pour tout polydisques ouvert U (non nécessairement borné) et tout faisceau cohérent F sur U. Mais, pour le démontrer, il reste à surmonter une nouvelle difficulté: celle du passage à la limite. D'une façon précise, on se propose de prouver le théorème suivant:

Théorème 7.2. - Soit X une variété analytique complexe, réunion d'une suite croissante d'ouverts U_i, relativement compacts, tels que $\bar{U}_i \subset U_{i+1}$. Supposons que :

(i) pour tout i, l'image de l'homomorphisme de restriction

$$\Gamma(X, \mathcal{O}) \longrightarrow \Gamma(U_i, \mathcal{O})$$

soit dense (pour la topologie classique de l'espace des fonctions holomorphes dans U_i : celle de la convergence uniforme sur les compacts de U_i) ;

(ii) pour tout i, les théorèmes A et B soient vrais pour U_i et pour tout faisceau cohérent F au voisinage de $\overline{U}_i$.

Alors les théorèmes A et B sont vrais pour X et pour tout faisceau cohérent F sur X.

Avant de pouvoir prouver ce théorème, quelques préliminaires topologiques sont indispensables. Ils font l'objet des numéros 8 et 9. Auparavant, signalons tout de suite une première conséquence du théorème 7.2 :

Corollaire. - Les théorèmes A et B sont vrais pour tout polydisque ouvert $U \subset \mathbb{C}^n$, et tout faisceau cohérent F sur U.

En effet, U est réunion d'une suite croissante de polydisques concentriques U_i tels que $\overline{U}_i \subset U_{i+1}$; les théorèmes A et B sont vrais pour U_i parce que F est cohérent au voisinage de $\overline{U}_i$ (cf. prop. 7.1). On applique alors le théorème 7.2.

8. Topologie des modules de type fini sur l'anneau des séries convergentes à n variables.

Dans ce numéro, Λ désigne l'anneau $K\{x_1, \dots, x_n\}$, où K est un corps valué complet, non discret. Par module, on entend un Λ-module de type fini. On se propose de munir chaque module d'une topologie très faible.

D'abord, on munit Λ de la topologie de la convergence simple des coefficients : un élément de Λ est une série entière (convergente) à n variables; donc est défini par les coefficients de cette série; ceci identifie Λ à une partie de K^I, avec $I = N^n$ ($N = \{0, 1, 2, \ldots\}$); et l'on munit K^I de la topologie-produit (chaque facteur K étant muni de la topologie définie par la valeur absolue), et Λ de la topologie induite. Pour cette topologie, l'addition et la multiplication sont des applications continues $\Lambda \times \Lambda \to \Lambda$.

Soit M un module; choisissons une application linéaire surjective $\Lambda^p \to M$, qui identifie M à un quotient de Λ^p ; on munit M de la topologie quotient. On montre qu'elle est indépendante de la manière dont M a été écrit comme quotient d'un module libre, et que toute application Λ-linéaire $M \longrightarrow M'$ est continue. De plus, l'application $\Lambda \times M \longrightarrow M$ (qui définit la structure de Λ-module de M) est continue. Enfin, si $M \longrightarrow M'$ est une application Λ-linéaire surjective, la topologie de M' est la topologie quotient de celle de M.

Le seul résultat non trivial est celui-ci :

Proposition 8.1. - La topologie de tout module M est séparée.

On le prouve en montrant que si on a une application Λ-linéaire surjective $f : \Lambda^p \longrightarrow M$, il existe une application K-linéaire continue $g : M \longrightarrow \Lambda^p$ telle que $f \circ g$ soit l'identité. L'existence d'une telle g se démontre par récurrence sur n (nombre des variables de l'anneau Λ), en utilisant le théorème de préparation de Weierstrass.

Corollaire. - Si N est un sous-module de M, N est fermé dans M. (En effet, la topologie de M/N est séparée).

9. Topologie de l'espace vectoriel $\Gamma(X,F)$ des sections d'un faisceau cohérent.

X désigne ici une variété analytique complexe, réunion dénombrable de compacts. Il en est alors de même de tout ouvert U de X. On se propose de définir, pour tout faisceau cohérent F sur X, et tout ouvert $U \subset X$, une topologie d'espace de Fréchet sur le $\mathbb{C}$-espace vectoriel $\Gamma(U,F)$, de façon à satisfaire aux conditions suivantes :

(a) lorsque $F = \mathcal{O}$ (faisceau des fonctions holomorphes), la topologie de $\Gamma(U, \mathcal{O})$ est la topologie classique : celle de la convergence uniforme sur les compacts de U ;

(b) si V est un ouvert $\subset U$, l'application de restriction $\Gamma(U,F) \longrightarrow \Gamma(V,F)$ est continue (linéaire) ;

(c) lorsque $F \longrightarrow F'$ est un morphisme de faisceaux cohérents, l'application linéaire $\Gamma(U,F) \longrightarrow \Gamma(U,F')$ induite par ce morphisme est continue.

On démontre que ce problème a une solution et une seule. La topologie de $\Gamma(U,F)$ est définie comme suit: on examine d'abord le cas d'un "ouvert privilégié" U, c'est-à-dire tel qu'il existe, dans un voisinage de $\overline{U}$ supposé compact, un système de coordonnées locales $z_1,\ldots,z_n$ pour lequel $\overline{U}$ est défini par $|z_i| \leq 1$ $(1 \leq i \leq n)$, et par suite U est défini par $|z_i| < 1$. Au voisinage de $\overline{U}$, on écrit F comme quotient d'un faisceau libre, ce qui donne une suite exacte

(9.1) $$0 \longrightarrow N \longrightarrow \mathcal{O}^p \longrightarrow F \longrightarrow 0$$

de faisceaux cohérents au voisinage de $\overline{U}$. D'après la proposition 7.1, on a $H^1(U,N) = 0$, donc la suite

$$(9.2) \qquad 0 \longrightarrow \Gamma(U,N) \xrightarrow{f} \Gamma(U,\mathcal{O}^p) \xrightarrow{g} \Gamma(U,F) \longrightarrow 0$$

est exacte. L'espace vectoriel $\Gamma(U, \mathcal{O}^p) = (\Gamma(U,\mathcal{O}))^p$ est muni de la topologie classique : c'est un espace de Fréchet. Pour chaque $x \in U$, l'application naturelle $\Gamma(U,\mathcal{O}^p) \xrightarrow{\varphi_x} (\mathcal{O}_x)^p$ est continue, lorsque $\mathcal{O}_x$ est muni de la topologie définie au n° 8 [car la convergence des fonctions holomorphes, uniformément dans un voisinage de x, entraîne la convergence de chacune de leurs dérivées au point x] . Les éléments de l'image de f sont les $\sigma \in \Gamma(U, \mathcal{O}^p)$ dont l'image dans $(\mathcal{O}_x)^p$ appartient à N_x, et ceci quel que soit $x \in U$. Or N_x est fermé dans $(\mathcal{O}_x)^p$ (corollaire de la proposition 8.1); son image réciproque par φ_x est donc fermée dans $\Gamma(U,\mathcal{O}^p)$. Ainsi l'image de f est une intersection de sous-espaces fermés de $\Gamma(U,\mathcal{O}^p)$: c'est donc un sous-espace fermé. L'application linéaire g de la suite exacte (9.2) définit un isomorphisme du quotient de $\Gamma(U,\mathcal{O}^p)$ par ce sous-espace fermé; munissons ce quotient de la topologie quotient, qui est une topologie d'espace de Fréchet, et transportons-la à $\Gamma(U,F)$. On obtient ainsi une topologie d'espace de Fréchet sur $\Gamma(U,F)$.

On montre facilement qu'elle ne dépend pas du choix de la résolution (9.1) au voisinage de $\overline{U}$. Ainsi la topologie de $\Gamma(U;F)$ est définie pour tout ouvert privilégié U; on vérifie aisément que si un ouvert privilégié V est contenu dans U, l'application de restriction $\Gamma(V,F) \longrightarrow \Gamma(V,F)$ est continue.

Soit maintenant U un ouvert quelconque; on peut le recouvrir par une famille <u>dénombrable</u> d'ouverts privilégiés U_i; considérons l'application linéaire

$$\varphi : \Gamma(U,F) \longrightarrow \prod_{i \in I} \Gamma(U_i,F)$$

qui à chaque section de F au-dessus de U, associe ses restrictions aux U_i. Munissons $\prod_i \Gamma(U_i,F)$ de la topologie-produit, qui est une topologie d'espace de Fréchet puisqu'il s'agit d'un produit dénombrable. L'image de φ est l'intersection des noyaux de toutes les applications $\psi_{j,k,x}$ (où $x \in U$, j et k étant deux indices tels que $x \in U_j \cap U_j$) définies par :

$$\psi_{j,k,x}\left((\sigma_i)_{i \in I}\right) = \sigma_j(x) - \sigma_k(x) ;$$

$\psi_{j,k,x}$ applique linéairement $\prod_{i \in I} \Gamma(U_i,F)$ dans F_x et est continue, donc son noyau est fermé; par suite l'image de φ est un <u>sous-espace fermé</u> de $\prod_{i \in I} \Gamma(U_i,F)$. La topologie induite sur ce sous-espace est une topologie d'espace de Fréchet : on la transporte à $\Gamma(U,F)$ au moyen de φ. Il est aisé de montrer que cette topologie sur $\Gamma(U,F)$ ne dépend pas du choix du recouvrement de U par une famille dénombrable d'ouverts privilégiés (pour comparer deux recouvrements, on les compare tous deux à un troisième, plus fin que chacun d'eux).

Il est alors facile de prouver les assertions (a), (b), (c) ci-dessus, et le problème est donc résolu. On laisse au lecteur le soin de vérifier qu'il n'a pas d'autre solution.

Bien entendu, on obtient notamment une topologie d'espace de Fréchet sur $\Gamma(X,F)$.

Proposition 9.1. - Si $x \in X$, l'application naturelle

$$\Gamma(X,F) \to F_x \tag{9.3}$$

est continue, lorsqu'on munit $\Gamma(X,F)$ de la topologie d'espace de Fréchet ci-dessus définies et F_x de la topologie définie au n° 8 pour les $\mathcal{O}_x$-modules de type fini.

En effet, soit U un ouvert privilégié contenant x. L'application (9.3) se factorise en

$$\Gamma(X,F) \longrightarrow \Gamma(U,F) \xrightarrow{h} F_x \ ;$$

la prèmière est continue (propriété (b)); il reste à démontrer que h est continue. Pour cela, nous utilisons la résolution (9.1) de F au voisinage de $\overline{U}$; on trouve un diagramme commutatif

$$\begin{array}{ccc} \Gamma(U, \mathcal{O}^p) & \xrightarrow{h'} & (\mathcal{O}_x)^p \\ \downarrow g & & \downarrow g' \\ \Gamma(U,F) & \xrightarrow{h} & F_x \end{array}$$

où g est surjective. Comme la topologie de $\Gamma(U,F)$ est la topologie quotient de celle de $\Gamma(U, \mathcal{O}^p)$, la continuité de h équivaut à la continuité de $h \circ g = g' \circ h'$; or h' est continue (on l'a vu plus haut), et g' est continue puisque toute application $\mathcal{O}_x$-linéaire de $\mathcal{O}_x$-modules de type fini est continue (cf. n° 8).

C.Q.F.D.

Corollaire. - Si F' est un sous-faisceau cohérent d'un faisceau cohérent F, l'injection naturelle $f: \Gamma(X,F') \to \Gamma(X,F)$ est un isomorphisme de l'espace de Fréchet $\Gamma(X,F')$ sur un sous-espace fermé de l'espace de Fréchet $\Gamma(X,F)$.

En effet, en vertu du "théorème du graphe fermé", il suffit de montrer que l'image de f est fermée; or c'est l'intersection des noyaux des applications linéaires composées $\Gamma(X,F) \longrightarrow F_x \longrightarrow F_x/F'_x$ quand x parcourt X.

10. Démonstration du théorème 7.2.

Nous sommes maintenant en mesure de prouver le théorème 7.2. Nous conservons les notations de son énoncé. On va prouver successivement les assertions suivantes :

(1) $H^q(X,F) = 0$ pour $q \geqslant 2$, et pour tout faisceau cohérent F.

On sait déjà que $H^q(U_i, F) = 0$ et $H^{q-1}(U_i,F) = 0$ pour tout i; en fait, on va montrer que tout faisceau de groupes abéliens qui satisfait à ces hypothèse satisfait aussi à $H^q(X,F) = 0$. Rappelons (cf. [7]) qu'il existe une suite exacte

$$0 \longrightarrow F \longrightarrow L^0 \longrightarrow L^1 \longrightarrow \ldots \longrightarrow L^q \longrightarrow \ldots ,$$

où les faisceaux L^q sont flasques pour $q \geqslant 0$. D'après le théorème 5.1, on a

$$H^q(X,F) \approx \operatorname{Ker}\left(\Gamma(X,L^q) \xrightarrow{d} \Gamma(X,L^{q+1})\right) / \operatorname{Im}\left(\Gamma(X,L^{q-1}) \xrightarrow{d} \Gamma(X,L^q)\right),$$

et tout revient à prouver que si $\alpha \in \Gamma(X,L^q)$ est tel que $d\alpha = 0$, il existe $\beta \in \Gamma(X,L^{q-1})$ tel que $d\beta = \alpha$.

La restriction de α à U_i est de la forme $d\beta_i$, où $\beta_i \in \Gamma(U,L^{q-1})$, puisque $H^q(U_i,F) = 0$ par hypothèse; on a ainsi :

$$\alpha = d\,\beta_i \qquad \text{sur } U_i .$$

De même, $\alpha = d\,\beta_{i+1}$ sur U_{i+1} ; et par suite

$$d(\beta_i - \beta_{i+1}) = 0 \qquad \text{sur } U_i .$$

Or $H^{q-1}(U_i,F) = 0$ par hypothèse; donc il existe $\gamma_i \in \Gamma(U_i,L^{q-2})$ tel que

$$\beta_i - \beta_{i+1} = d\,\gamma_i \quad \text{sur } U_i ,$$

et puisque L^{q-2} est un faisceau flasque, γ_i est la restriction d'un élément de $\Gamma(U_{i+1},L^{q-2})$, qu'on notera encore γ_i. Alors $\beta_{i+1} + d\,\gamma_i = \beta'_{i+1} \in \Gamma(U_{i+1},L^{q-1})$, et on a

$$\alpha = d\,\beta'_{i+1} \quad \text{dans } U_{i+1} .$$

Récrivons maintenant β_{i+1} au lieu de β'_{i+1}; alors β_{i+1} prolonge β_i. En procédant ainsi de proche en proche, on trouve une suite de sections continues $\beta_i, \beta_{i+1}, \ldots$ de L^{q-1}, qui se prolongent mutuellement. Elles définissent un élément $\beta \in \Gamma(X, L^{q-1})$ qui satisfait à $\alpha = d\beta$.

C.Q.F.D.

(2) L'image de l'application de restriction

$$\Gamma(U_{i+1}, F) \longrightarrow \Gamma(U_i, F)$$

est dense, quel que soit le faisceau F cohérent dans X.

En vertu du théorème A appliqué à U_{i+2}, il existe, au voisinage de $\overline{U_{i+1}}$, un morphisme surjectif $\mathcal{O}^p \longrightarrow F$, d'où un diagramme commutatif

$$\begin{array}{ccc} \Gamma(U_{i+1}, \mathcal{O}^p) & \xrightarrow{g} & \Gamma(U_i, \mathcal{O}^p) \\ \downarrow f_{i+1} & & \downarrow f_i \\ \Gamma(U_{i+1}, F) & \xrightarrow{h} & \Gamma(U_i, F) \end{array} .$$

L'application f_i est surjective (théorème B appliqué à U_i). L'image de h contient l'image de $h \circ f_{i+1} = f_i \circ g$. D'après l'hypothèse (i) de l'énoncé du théorème 7.10, l'image de g est dense; puisque f_i est continue et surjective, l'image de $f_i \circ g$ est dense; à fortiori l'image de h est dense, ce qui achève la démonstration.

(3) L'image de l'application de restriction

$$\Gamma(X, F) \longrightarrow \Gamma(U_i, F)$$

est dense, quel que soit le faisceau cohérent F sur X.

Ceci se déduit de (2) par approximations successives, au moyen d'un raisonnement classique sur les espaces topologiques métrisables.

(4) Le théorème A est vrai pour X et tout faisceau cohérent F.

On doit montrer que si $x \in X$, l'image de l'application naturelle $\Gamma(X,F) \longrightarrow F_x$ engendre F_x pour sa structure de $\mathcal{O}_x$-module. Choisissons un U_i qui contienne x; l'application se factorise

$$\Gamma(X,F) \xrightarrow{h} \Gamma(X,U_i) \xrightarrow{\varphi} F_x .$$

Puisque le théorème A est vrai pour U_i et F, l'image de φ engendre F_x comme $\mathcal{O}_x$-module : tout élément de F_x s'écrit

$$\sum_{k=1}^{p} \lambda_k \varphi(\xi_k), \quad \lambda_k \in \mathcal{O}_x, \quad \xi_k \in \Gamma(X,U_i).$$

Or chaque ξ_k appartient à l'adhérence de l'image de h, d'après (3); comme φ est continue, on voit que tout élément de F_x est limite d'éléments du sous-module G_x de F_x, engendré par l'image de $\varphi \circ h$. Or G_x est fermé dans F_x (corollaire de la proposition 8.1); donc $G_x = F_x$, et l'assertion (4) est démontrée.

(5) On a $H^1(X,F) = 0$ pour tout faisceau cohérent F sur X.

Pour le montrer, on reprend le début de la démonstration de l'assertion (1) : on a

$$\alpha = d\beta_i \quad \text{dans } U_i, \qquad \alpha = d\beta_{i+1} \quad \text{dans } U_{i+1},$$

et $d(\beta_i - \beta_{i+1}) = 0$ dans U_i. Comme $\beta_i - \beta_{i+1} \in \Gamma(U_i, L^0)$, ceci entraîne $\beta_i - \beta_{i+1} \in \Gamma(U_i, F)$. Le faisceau F n'étant pas flasque, le raisonnement devient ici plus difficile. On utilise l'assertion (3) ci-dessus: on peut approcher arbitrairement $\beta_i - \beta_{i+1}$ par la restriction d'un élément $\gamma_i \in \Gamma(X, F)$. D'une façon précise, soit d_i une distance définissant la topologie de $\Gamma(U_i, F)$; puisque l'application $\Gamma(U_{i+1}, F) \xrightarrow{\varphi_i} \Gamma(U_i, F)$ est continue, on peut supposer que la suite des d_i satisfait à

$$d_i \circ \varphi_i \leqslant d_{i+1} \quad \text{sur} \quad \Gamma(U_{i+1}, F).$$

Choisissons $\gamma_i \in \Gamma(X, F)$ de façon que

$$d_i\left(\beta_i - \varphi_i(\beta_{i+1}) - \psi_i(\gamma_i)\right) \leqslant 2^{-i} ,$$

en notant $\psi_i : \Gamma(X, F) \to \Gamma(U_i, F)$. Remplaçons β_{i+1} par $\beta_{i+1} + \psi_{i+1}(\gamma_i)$; pour ce nouveau β_{i+1}, on a donc

$$d_i\left(\beta_i - \varphi_i(\beta_{i+1})\right) \leqslant 2^{-i} .$$

Pour chaque i, la suite des $\varphi_i(\beta_{i+n}) - \beta_i$ (quand n varie) est une suite de Cauchy dans $\Gamma(U_i, F)$, qui est complet; soit δ_i sa limite. Il est immédiat que $\varphi_i(\beta_{i+1} + \delta_{i+1}) = \beta_i + \delta_i$; donc les $\beta_i + \delta_i$ sont des sections de L^0 qui se prolongent mutuellement; ils définissent un élément $\beta \in \Gamma(X, L^0)$, et l'on a $\alpha = d\beta$, ce qui achève la démonstration.

Avec les assertions (1), (4), (5), on a prouvé que les théorèmes A et B sont vrais pour tout faisceau cohérent F sur X. Et le théorème 7.2 est enfin établi.

11. Quelques exemples d'applications des théorèmes A et B.

Sans attendre d'avoir démontré les théorèmes A et B en toute généralité (c'est-à-dire pour les "espaces de Stein"; cf. ci-dessous, n° 13), nous allons donner quelques exemples qui montrent à quoi ils peuvent servir.

Exemple 1. - Soit Y un sous-espace analytique d'une variété analytique complexe X; on appelle ainsi un sous-ensemble fermé de X tel que tout $x_0 \in Y$ possède un voisinage ouvert U dans lequel il existe un système fini de fonctions holomorphes $f_1, \dots, f_k$, de manière que

$$(x \in U \cap Y) \Longleftrightarrow (x \in U \text{ et } f_i(x) = 0 \quad \text{pour } 1 \leq i \leq k).$$

Pour chaque $x \in X$, définissons l'idéal $I_x \subset \mathcal{O}_x$ que voici : si $x \notin Y$, on pose $I_x = \mathcal{O}_x$; si $x \in Y$, I_x est l'idéal des germes de fonctions holomorphes qui s'annulent identiquement sur Y. Il est immédiat que la collection des I_x, quand x parcourt X, est un sous-faisceau I du faisceau $\mathcal{O}$ (faisceau d'idéaux). De plus, ce sous-faisceau est cohérent : mais ceci est plus difficile à prouver; pour une démonstration, nous renvoyons à [2]. Dans le cas où Y est une sous-variété analytique complexe, il est élémentaire de voir que I est cohérent.

Ecrivons la suite exacte

$$\Gamma(X, \mathcal{O}) \xrightarrow{\varphi} \Gamma(X, \mathcal{O}/I) \longrightarrow H^1(X, I);$$

puisque I est cohérent, le théorème B (supposé vrai pour X) dit que $H^1(X, I) = 0$: donc φ est surjectif. Interprétons ce résultat : une section continue de $\mathcal{O}/I$ est évidemment nulle en dehors de Y ; sa restriction à Y est une section continue du faisceau induit par $\mathcal{O}/I$ sur Y, et on voit facilement que, réciproquement, toute section continue de $\mathcal{O}/I$ au-dessus de Y se prolonge en une section continue de $\mathcal{O}/I$ sur X (nulle hors de Y); à ce sujet, voir plus loin, n° 12. Ainsi $\Gamma(X, \mathcal{O}/I)$ s'identifie à l'espace vectoriel des fonctions holomorphes sur Y, en appelant fonction holomorphe toute fonction sur Y qui, au voisinage de chaque point $y \in Y$, peut être induite par une fonction holomorphe dans X au voisinage de y. [Si Y est une sous-variété, on retrouve bien ainsi la notion de fonction holomorphe, sur la variété analytique complexe Y]. On a prouvé la surjectivité de φ ; d'où :

Théorème 11.1. - Soit Y un sous-espace analytique de X. Si le théorème B vaut pour X, toute fonction holomorphe sur Y est la restriction à Y d'au moins une fonction holomorphe sur X.

En particulier, supposons que Y soit un sous-ensemble discret de X (c'est-à-dire se compose de points isolés sans point d'accumulation): Y est alors une sous-variété analytique de dimension zéro, et le théorème 11.1 s'applique : si le théorème B vaut pour X, il existe une fonction f holomorphe dans X qui prend des valeurs arbitrairement données aux points d'un ensemble discret.

On verrait facilement qu'on peut même se donner arbitrairement, en chacun des points de Y, un développement limité de la fonction holomorphe f inconnue.

Revenons au cas général d'un sous-espace analytique Y de X. Appliquons le théorème A au faisceau cohérent I (en supposant, bien entendu, qu'il soit vrai): les éléments de $\Gamma(X,I)$, c'est-à-dire les fonctions holomorphes dans X qui s'annulent identiquement sur Y, engendrent l'idéal I_x en chaque point $x \in X$. En particulier, si $x \notin Y$, elles engendrent $\mathcal{O}_x$; cela signifie qu'il existe une $f \in \Gamma(X,I)$ qui ne s'annule pas au point x. Autrement dit, les fonctions holomorphes dans X qui s'annulent sur Y n'ont aucun zéro commun en dehors de Y. En fait, une analyse plus poussée montrerait que, lorsque X est réunion dénombrable de compacts et satisfait aux théorèmes A et B, tout sous-espace analytique Y peut être défini par l'annulation de n+1 fonctions holomorphes dans X (n désignant la dimension complexe de la variété X).

Exemple 2. - Soit F un faisceau cohérent sur une variété analytique complexe X satisfaisant au théorème B. Considérons un système fini $(s_1,\dots,s_p)$ d'éléments de $\Gamma(X,F)$; et supposons que, pour tout $x \in X$, les images des s_i dans F_x engendrent le $\mathcal{O}_x$-module F_x. Cela signifie que le morphisme de faisceaux $\varphi : \mathcal{O}^p \longrightarrow F$ défini par les p sections s_i est surjectif. (cf. n° 4). On a donc une suite exacte

$$0 \longrightarrow N \longrightarrow \mathcal{O}^p \xrightarrow{\varphi} F \longrightarrow 0,$$

où N est cohérent; puisque $H^1(X,N) = 0$ en vertu du théorème B, l'application linéaire

$$\Gamma(X, \mathcal{O}^p) \longrightarrow \Gamma(X,F)$$

définie par φ est surjective. Or elle envoie

$$(c_1,\dots,c_p) \in \left(\Gamma(X,\mathcal{O})\right)^p = \Gamma(X, \mathcal{O}^p)$$

dans $\sum_{i=1}^{p} c_i s_i \in \Gamma(X,F)$. D'où :

<u>Théorème 11.2.</u> - <u>Sous les hypothèses précédentes, tout élément de $\Gamma(X,F)$ est combinaison linéaire de $s_1,\ldots,s_p$ à coefficients holomorphes dans X.</u> Autrement dit : $s_1,\ldots,s_p$ <u>engendrent $\Gamma(X,F)$ comme module sur l'anneau $\Gamma(X,\mathcal{O})$.</u>

Par exemple, prenons $F = \mathcal{O}$. L'hypothèse signifie que $s_1,\ldots,s_p$ sont des fonctions holomorphes dans X, sans zéro commun. La conclusion du théorème dit qu'il existe une identité

$$1 = \sum_{i=1}^{p} c_i s_i ,$$

à coefficients c_i holomorphes dans X.

<u>Exemple 3.</u> - Définissons d'abord, sur une variété analytique complexe X, le faisceau $\mathcal{M}$ des "fonctions méromorphes" (en toute rigueur, ce ne sont pas des fonctions, puisqu'elles peuvent admettre des points d'indétermination). Pour chaque $x \in X$, $\mathcal{O}_x$ est un anneau intègre; soit $\mathcal{M}_x$ son <u>corps des fractions</u>, considéré comme module sur $\mathcal{O}_x$. Sur $\mathcal{M} = \bigcup_{x \in X} \mathcal{M}_x$, on peut définir une topologie qui en fait un faisceau de $\mathcal{O}$-modules . Mais il est aussi commode de procéder autrement; on définit d'abord le préfaisceau G que voici: pour tout ouvert U, G(U) est le $\mathcal{O}(U)$-module des quotients $\frac{f}{g}$, où f et g sont holomorphes dans U, g n'étant identiquement nulle dans aucune composante connexe de U; alors, par définition, $\mathcal{M}$ est le faisceau associé [on vérifie que $\mathcal{M}_x$, limite inductive des G(U), est bien le corps des fractions de $\mathcal{O}_x$].

Par définition, une "fonction méromorphe" dans X est un élément $h \in \Gamma(X, \mathcal{M})$; tout point de x possède donc un voisinage ouvert U dans lequel h peut s'écrire comme un élément de G(U).

Le morphisme naturel $\mathcal{M} \to \mathcal{M}/\mathcal{O}$ induit une application linéaire $\Gamma(X, \mathcal{M}) \xrightarrow{\varphi} \Gamma(X, \mathcal{M}/\mathcal{O})$. Un élément de $\Gamma(X, \mathcal{M}/\mathcal{O})$ est, par définition, un <u>système de parties principales</u> dans X; φ associe à toute fonction méromorphe son système de parties principales. Le <u>problème de Cousin</u> consiste, étant donné dans X un système de parties principales, à chercher s'il existe une fonction méromorphe dans X qui admette ce sistème de parties principales.

<u>Théorème 11.3.</u> - <u>Si</u> X <u>satisfait au théorème</u> B, <u>et même, plus généralement, si</u> $H^1(X, \mathcal{O}) = 0$, <u>tout système de parties principales peut être défini par une fonction méromorphe.</u>

En effet, la suite exacte de cohomologie

$$\Gamma(X, \mathcal{M}) \xrightarrow{\varphi} \Gamma(X, \mathcal{M}/\mathcal{O}) \to H^1(X, \mathcal{O})$$

montre que si $H^1(X, \mathcal{O}) = 0$, φ est surjectif.

<u>Théorème 11.4.</u> - <u>Si</u> X <u>satisfait au théorème</u> A, <u>toute fonction holomorphe dans</u> X <u>peut s'écrire comme quotient</u> $\frac{g}{f}$ <u>de deux fonctions holomorphes dans</u> X, f <u>n'étant identiquement nulle dans aucune composante connexe de</u> X.

Pour la démonstration, il suffit de considérer le cas où X est connexe. Soit $h \in \Gamma(X, \mathcal{M})$; en chaque point $x \in X$, soit I_x l'idéal de $\mathcal{O}_x$ formé des $f \in \mathcal{O}_x$ telles que $hf \in \mathcal{O}_x$. Il est immédiat que I_x est un idéal principal, et que si une fonction holomorphe au voisinage de x_0 engendre I_{x_0}, elle engendre aussi I_x pour x assez voisin de x_0. Donc les I_x forment un sous-faisceau <u>cohérent</u> I de $\mathcal{O}$. Choisissons un point $a \in X$; d'après le théorème A, les éléments de $\Gamma(X,I)$ (c'est-à-dire les f holomorphes dans X telles que hf soit holomorphe) engendrent l'idéal I_a de l'anneau $\mathcal{O}_a$. Il existe donc une telle f qui n'est pas identiquement nulle au voisinage de a, c'est-à-dire qui n'est pas identiquement nulle dans X (supposé connexe). On a

$$hf = g \in \Gamma(X, \mathcal{O}),$$

d'où $h = \frac{g}{f}$, comme annoncé.

Remarque: rien ne garantit que, en tout point $x \in X$, f et g sont premières entre elles, c'est-à-dire sans diviseur commun autre que 0 ou un élément inversible de $\mathcal{O}_x$. Toutefois, lorsqu'on sait résoudre le "deuxième problème de Cousin", il est possible d'écrire h sous la forme $\frac{g}{f}$, f et g étant premières entre elles en tout point; pour cela il suffit que l'espace X vérifie certaines conditions topologiques, à savoir $H^2(X, \mathbf{Z}) = 0$ ($\mathbf{Z}$ désignant le faisceau constant du groupe abélien additif des entiers); voir [12] .

12. Faisceaux cohérents sur un sous-espace analytique.

La question a d'abord un aspect purement topologique : soit X un espace topologique, et Y un sous-espace fermé de X. A chaque faisceau F (de groupes abéliens, resp. d'anneaux) sur X, associons sa restriction $F|Y$ à l'espace Y. Pour les sections continues, on a un homomorphisme de restriction

$$\rho : \Gamma(X,F) \longrightarrow \Gamma(Y, F|Y);$$

de plus, si F est <u>concentré sur</u> Y, c'est-à-dire si $F_x = 0$ pour $x \notin Y$, ρ est une <u>bijection</u>.

Inversement, soit donné un faisceau G sur Y; cherchons un faisceau F sur X, qui soit concentré sur Y, et tel que $F|Y$ soit isomorphe à G. On voit facilement que ce problème a une solution, et que la solution est "unique à un isomorphisme près". On notera G^X la solution, G étant identifié à $G^X|Y$. Alors ρ est un isomorphisme $\Gamma(X, G^X) \approx \Gamma(Y, G)$. De plus, la considération des résolutions flasques de G (cf. [7]) montre facilement que

$$H^n(X, G^X) \approx H^n(Y, G) \qquad \text{pour tout } n \geqslant 0 .$$

Abordons maintenant l'aspect <u>analytique</u> de la question. On suppose désormais que X est une variété analytique complexe, et Y un sous-espace analytique. Soit I le faisceau cohérent d'idéaux défini par Y (cf. n° 11, exemple 1). Soit A le faisceau d'anneaux, sur Y, défini par

$$A = (\mathcal{O}/I)\Big| Y .$$

Il est clair que A^X s'identifie à $\mathcal{O}/I$. Le faisceau A est, par définition, le faisceau des fonctions holomorphes sur Y. Soit maintenant, sur Y, un faisceau F de A-modules; prolongé par 0 en dehors de Y, il donne un faisceau F^X, qu'on peut considérer comme faisceau de A^X-modules, c'est-à-dire de $(\mathcal{O}/I)$-modules, donc aussi comme faisceau de $\mathcal{O}$-modules. Nous admettons le

<u>Théorème 12.1.</u> - <u>Avec les notations précédentes, si</u> F <u>est</u>

A-*cohérent (c'est-à-dire cohérent comme faisceau de A-modules), alors* F^X *est* $\mathcal{O}$-*cohérent.*

Pour la démonstration, voir [13] ; elle n'a rien à voir avec les fonctions holomorphes, et s'applique chaque fois que $\mathcal{O}$ est un faisceau d'anneaux, I est sous-faisceau de $\mathcal{O}$ qui est de type fini, et est tel que $\mathcal{O}/I$ soit nul en dehors du sous-espace fermé Y.

Corollaire. - A *est un faisceau cohérent d'anneaux sur* Y. (En effet, $\mathcal{O}/I = A^X$ est un faisceau $\mathcal{O}$-cohérent sur X). Ceci généralise le théorème d'Oka. On pourra donc travailler avec le faisceau A sur Y de la même manière qu'on a pu travailler avec le faisceau $\mathcal{O}$ sur X. Cependant il n'y a plus, en général, de théorème des syzygies, car l'anneau local $A_x = \mathcal{O}_x/I_x$ n'est plus nécessairement "régulier".

On a vu que, pour tout faisceau F de groupes abéliens sur Y, on a

$$H^n(Y,F) = H^n(X,F^X).$$

D'où :

Théorème 12.2. - *Si la variété analytique* X *satisfait aux théorèmes* A *et* B, *tout sous-espace analytique* Y *de* X *satisfait aux théorèmes* A *et* B (il s'agit alors des faisceaux cohérents sur Y, comme faisceau de modules sur le faisceau d'anneaux des fonctions holomorphes sur Y).

Le théorème 12.1 se complète par la proposition suivante :

Proposition 12.3. - *Si* G *est un faisceau* $\mathcal{O}$-*cohérent sur* X, *le faisceau* F *induit par* G *sur* Y *est* A-*cohérent.* (démonstration facile).

13. Espaces analytiques; espaces de Stein.

Définition. - On appelle espace analytique un espace topologique séparé X, muni d'un faisceau $\mathcal{O}$ d'anneaux de germes de fonctions continues à valeurs complexes, et qui satisfait à la condition suivante :

(AN) tout point $x \in X$ possède un voisinage ouvert U qui, muni du faisceau $\mathcal{O} | U$, est isomorphe à un sous-espace analytique Y d'un ouvert d'un espace numérique $\mathbb{C}^N$, Y étant muni du faisceau défini au n° précédent.

Dans l'énoncé de la condition (AN) intervient la notion d'isomorphisme de deux espaces annulés (c'est-à-dire muni chacun d'un faisceau d'anneaux); la définition est évidente.

Le faisceau $\mathcal{O}$ donné sur X s'appelle le faisceau structural de l'espace analytique. Pour tout ouvert $U \subset X$, les éléments de $\Gamma(U, \mathcal{O})$ sont des fonctions continues dans U : par définition, ce sont les fonctions holomorphes dans U. L'anneau $\mathcal{O}_x$ est l'anneau des germes de fonctions holomorphes au point x.

Il résulte du corollaire du théorème 12.1 que le faisceau $\mathcal{O}$ est un faisceau cohérent d'anneaux.

Etant donnés deux espaces analytiques X et X', munis de leurs faisceaux structuraux $\mathcal{O}$ et $\mathcal{O}'$, une application $f : X \longrightarrow X'$ est dite holomorphe si elle est continue, et si, pour chaque $x \in X$ et chaque $\varphi \in \mathcal{O}'_{f(x)}$, la composée $\varphi \circ f$ (qui est un germe de fonction continue au point x) appartient à $\mathcal{O}_x$.

Définition d'un espace de Stein. - Un espace de Stein est un espace analytique X, réunion dénombrale de compacts, qui satisfait aux trois conditions suivantes ;

(i) les fonctions holomorphes dans X séparent les points de X [cela veut dire que si x et x' sont des points distincts de X, il existe une $f \in \Gamma(X, \mathcal{O})$ telle que $f(x) \neq f(x')$] ;

(ii) les fonctions holomorphes dans X fournissent des réalisations locales pour tous les points de X [cela veut dire que, pour tout x, il existe un système fini $(f_1, \ldots, f_N)$ de fonctions holomorphes dans X tout entier, et dont la restriction à un voisinage ouvert U de x définit un isomorphisme de l'espace analytique U sur un sous-espace analytique d'un ouvert de $\mathbf{C}^N$] ;

(iii) X est holomorphiquement convexe [cela veut dire que, pour tout compact $K \subset X$, l'enveloppe holomorphe $\hat{K}$, définie par

$$x \in \hat{K} \quad \left\{ x \in X \quad \text{et} \quad |f(x)| \leq \sup_{y \in K} |f(y)| \text{ pour toute } f \in \Gamma(X, \mathcal{O}) \right\},$$

est compacte.]

Remarques: (1) lorsque X est une variété analytique complexe, la condition (ii) exprime que, pour tout $x \in X$, il existe un système de coordonnées locales, dans un voisinage de x, formé de fonctions holomorphes dans tout X.

(2) Grauert a démontré que les conditions (i) et (iii) entraînent (ii); mais la démonstration est difficile et sort du cadre de ces exposés.

(3) on peut remplacer la condition (iii) par une condition plus faible : (iii') pour tout compact K, il existe un ouvert V contenant K, tel que $V \cap \hat{K}$ soit compact.

Théorème 13.1 (théorème fondamental) . - Les théorèmes

A et B sont vrais pour tout espace de Stein X et tout faisceau cohérent sur X.

Pour la démonstration (dont on va seulement indiquer les grandes lignes), on utilise les conditions (i), (ii) et (iii'). Or, inversement, Serre a démontré [12] que si le théorème B est vrai pour un espace analytique X (réunion dénombrable de compacts), X satisfait à (i), (ii) et (iii), autrement dit X est un espace de Stein; pour la démonstration, il suffit de supposer que

$$H^1(X, I) = 0 \quad \text{pour tout faisceau cohérent d'idéaux.}$$

La démonstration est d'ailleurs facile. Ce résultat entraîne l'équivalence des conditions (iii) et (iii'), lorsque (i) et (ii) sont satisfaites.

Pour prouver le théorème 13. 1, on établit d'abord un lemme :

Lemme 1 - Pour tout compact $K \subset X$, il existe un ouvert relativement compact $U \supset K$, et un système $(f_1, \ldots, f_k)$ de $f_i \in \Gamma(X, \mathcal{O})$, dont les restrictions à U définissent un isomorphisme de l'espace analytique U sur un sous-espace analytique d'un polydisque borné $P \subset \mathbb{C}^k$.

La démonstration du lemme est relativement facile. En utilisant (iii'), on démontre d'abord qu'il existe un ouvert relativement compact $U \supset K$, et un système fini $(g_1, \ldots, g_p)$ de fonctions holomorphes dans X, dont les restrictions à U définissent une application propre de U dans un polydisque borné $P' \subset \mathbb{C}^p$. Puis, en utilisant les conditions (i) et (ii), on montre qu'il existe un système fini $(h_1, \ldots, h_q)$ de fonctions holomorphes dans X, qui sépare les points de $\overline{U}$ et fournissent, au voisinage de chaque $x \in \overline{U}$, une réalisation de X. Soit $P'' \subset \mathbb{C}^q$ un polydisque borné, assez grand pour contenir l'image de $\overline{U}$ par l'application définie par $(h_1, \ldots, h_q)$. Alors le système $(g_1, \ldots, g_p, h_1, \ldots, h_q)$ définit une application holomorphe et propre de U dans $P = P' \times P'' \subset \mathbb{C}^p \times \mathbb{C}^q = \mathbb{C}^k$ $(k=p+q)$, et réalise globalement U comme sous-espace analytique (fermé) de P.

C.Q.F.D.

Puisque, grâce au lemme, U est isomorphe à un sous-espace analytique de P, et puisque les théorèmes A et B sont vrais pour P (corollaire du théorème 7.2), ils sont vrais pour U (théorème 12.2). On va voir que l'on se trouve dans les conditions d'application du théorème 7.2. Mais auparavant, nous observons que le théorème 7.2 n'a été formulé et démontré que pour les <u>variétés</u> analytiques, alors qu'ici X est seulement un <u>espace analytique</u>. Il est donc nécessaire de généraliser d'abord le théorème 7.2 au cas des espaces analytiques.

Or la démonstration du théorème 7.2 reposait notamment sur la considération d'une topologie d'espace de Fréchet sur $\Gamma(X,F)$, lorsque F est un faisceau cohérent sur une <u>variété</u> analytique X (cf. n° 9). On va montrer maintenant comment on définit la topologie de $\Gamma(X,F)$ dans le cas où X est un espace analytique, en général. Rappelons d'abord que, lorsque X est une <u>variété</u>, cette topologie a été caractérisée par les propriétés (a), (b), (c) énoncées au n° 9; d'autre part on voit facilement qu'elle possède la propriété suivante :

(d) si la variété analytique complexe X est plongée comme sous-variété (fermée) d'une variété analytique complexe Y, si F est un faisceau cohérent sur Y, et si G désigne le faisceau induit par F sur X (G est $\mathcal{O}(X)$-cohérent d'après la prop. 12.3), alors l'application de restriction

$$\Gamma(Y,F) \longrightarrow \Gamma(X,G)$$

est une application continue d'espaces de Fréchet.

Pour définir une topologie d'espace de Fréchet sur $\Gamma(X,F)$ dans le cas des espaces analytiques, on va imposer les conditions (b), (c), (d) en les formulant pour les espaces analytiques (et non plus seulement pour les variétés), et en formulant en outre (a) dans le cas où U est un ouvert d'une variété . Il est facile de voir (en utilisant des réalisations locales d'un espace analytique comme sous-espace analytique d'une variété) que le problème ainsi posé admet une solution et une seule : le raisonnement est analogue à celui fait dans le cas des variétés.

En particulier, si $\mathcal{O}$ est le faisceau structural d'un espace analytique X, $\Gamma(X, \mathcal{O})$ se trouve muni d'une topologie d'espace de Fréchet. Mais il n'est pas évident que cette topologie soit justement celle de la convergence, uniforme sur tout compact, des fonctions holomorphes. C'est d'ailleurs vrai (autrement dit la condition (a) est satisfaite aussi pour les espaces analytiques); mais il s'agit là d'un théorème assez profond, dû à Grauert et Remmert. Nous n'en aurons pas besoin.

Maintenant qu'on dispose de la topologie des espaces vectoriels $\Gamma(X,F)$, on peut recopier, dans le cas des espaces analytiques, la démonstration du théorème 7.2 donnée au numéro 10 : il n'y a rien à y changer.

Revenons enfin à la démonstration du théorème 13.1. Nous avons déjà prouvé que l'espace de Stein X est réunion d'une suite croissante d'ouverts U_i, relativement compacts, tels que $\overline{U_i} \subset U_{i+1}$, et que les théorèmes A et B sont vrais pour chaque U_i (et tout faisceau cohérent). Il reste donc simplement, pour pouvoir appliquer le théorème 7.2, à montrer que l'hypothèse (i) du théorème 7.1 est vérifiée ici. C'est ce que dit le

Lemme 2 - Si l'ouvert U, relativement compact, de X est, comme au lemme 1, réalisé comme sous-espace analytique d'un polydisque ouvert et borné $P \subset \mathbb{C}^k$, alors l'image de l'application de restriction

$$\Gamma(X, \mathcal{O}) \longrightarrow \Gamma(U, \mathcal{O})$$

est dense dans $\Gamma(U, \mathcal{O})$, (il s'agit de la topologie de $\Gamma(U, \mathcal{O})$ qu'on vient de définir ci-dessus).

En effet, considérons, dans le polydisque P, l'application de restriction

$$(13.1) \qquad \Gamma(P, \mathcal{O}(P)) \longrightarrow \Gamma(U, \mathcal{O}(U)),$$

qui est une application continue d'espaces de Fréchet (propriété (d)). D'après le théorème B appliqué au polydisque ouvert P, elle est surjective (cf. théorème 11.1). Or le classique développement en série entière des fonctions holomorphes dans un polydisque P nous dit que tout élément de $\Gamma(P, \mathcal{O}(P))$ est limite (au sens de la topologie de cet espace) de polynômes sur l'espace $\mathbb{C}^k$. Or le plongement

$$U \longrightarrow P \subset \mathbb{C}^k$$

a été défini par k fonctions $(f_1, \dots, f_k)$ holomorphes dans X tout entier (cf. lemme 1). Il en résulte que tout élément de $\Gamma(U, \mathcal{O})$ est limite (au sens de la topologie de $\Gamma(U, \mathcal{O})$) de fonctions induites sur U par des polynômes par rapport aux f_i, donc de fonctions induites sur U par des fonctions holomorphes dans X. [Ceci est l'essentiel du théorème d'approximation de Oka-Weil]. Et le lemme 2 est démontré.

En même temps, la démonstration du théorème 13.1 est achevée.

14. Quelques exemples d'espaces de Stein.

Nous mentionnons simplement ici, pour mémoire, quelques faits bien connus.

Le produit de deux espaces de Stein est un espace de Stein (c'est évident sur la définition).

Tout sous-espace analytique (fermé) d'un espace de Stein est un espace de Stein (même observation).

Toute variété de Stein de dimension n est réalisable (globalement) comme sous-variété de l'espace $\mathbb{C}^{2n+1}$ (théorème de Remmert et Narasimhan [10]). Le cas des espaces de Stein est plus compliqué.

Tout ouvert $U \subset \mathbb{C}$ est de Stein (cela résulte essentiellement du théorème d'approximation de Runge : toute fonction holomorphe dans U peut être arbitrairement approchée, au sens de la convergence uniforme sur les compacts de U, par des fonctions rationnelles dont les pôles appartiennent aux composantes connexes compactes de $\mathbb{C} - U$). Donc :

Tout "polycylindre" de $\mathbb{C}^n$ (i.e. : produit $U_1 \times \ldots \times U_n$ de n ouverts situés respectivement dans les n facteurs $\mathbb{C}$ de $\mathbb{C}^n$) est une variété de Stein.

Les ouverts de $\mathbb{C}^n$ qui sont de Stein sont exactement les ouverts d'holomorphie.

15. Structure d'un faisceau cohérent [1].

On se place sur un espace analytique X, muni de son faisceau structural $\mathcal{O}$. Soit F un faisceau cohérent sur X. En un point $x \in X$, F_x est un module de type fini sur l'anneau local $\mathcal{O}_x$; on définit le rang du module F_x, noté rg (F_x) : c'est la dimension du $\mathbb{C}$-espace vectoriel

$$F_x \otimes_{\mathcal{O}_x} \mathbb{C} = F_x / \mathfrak{m}_x \cdot F_x ,$$

où $\mathfrak{m}_x$ désigne l'idéal maximal de l'anneau $\mathcal{O}_x$ (cf. n° 1; ici, $\mathbb{C}$ est le corps résiduel $\mathcal{O}_x / \mathfrak{m}_x$). Puisque F_x est de type fini, l'espace vectoriel $F_x \otimes_{\mathcal{O}_x} \mathbb{C}$ est de dimension finie : rg (F_x) est fini.

On a rg $(F_x) = 0$ si et seulement si $F_x = 0$: c'est le lemme de Nakayama (n° 1, lemme 1). Plus généralement, le corollaire du lemme 1 (n° 1) montre qu'il existe un système de générateurs du $\mathcal{O}_x$-module F_x en nombre égal à rg (F_x). D'une façon précise : rg (F_x) est le nombre d'éléments de tout système minimal de générateurs de F_x.

Puisque F, qui est cohérent par hypothèse, est de type fini, on voit que si rg $(F_x) = p$, il existe, dans un voisinage de x, un morphisme surjectif $\mathcal{O}^p \longrightarrow F$, et par suite rg $(F_y) \leq p$ pour tout point y assez voisin de x. Autrement dit, l'ensemble des $x \in X$ tels que

---

(1) Les questions traitées dans ce numéro ont déjà fait l'objet d'une conférence de G. Scheja à Oberwolfach. Voir aussi [9] .

$rg(F_x) \leq p$ est <u>ouvert</u>. On a un résultat plus précis:

<u>Théorème 15.1.</u> - <u>L'ensemble</u>

$$E(x \mid rg(F_x) > m)$$

<u>est un sous-ensemble analytique (fermé) de</u> X.

Comme la question est locale, on se place au voisinage d'un $x_0 \in X$, et on écrit, dans ce voisinage, un début de résolution libre (de type fini) du faisceau cohérent F

(15.1) $$\mathcal{O}^q \xrightarrow{f} \mathcal{O}^p \xrightarrow{g} F \longrightarrow 0 \quad \text{(suite exacte)}.$$

En chaque point x voisin de x_0, on peut tensoriser par $\otimes_{\mathcal{O}_x} \mathbb{C}$ la suite exacte de $\mathcal{O}_x$-modules :

$$(\mathcal{O}_x)^q \xrightarrow{f_x} (\mathcal{O}_x)^p \xrightarrow{g_x} F_x \longrightarrow 0 ;$$

on obtient une <u>suite exacte</u> (parce que le produit tensoriel est un foncteur "exact à droite") :

(15.2) $$\mathbb{C}^q \xrightarrow{\varphi_x} \mathbb{C}^p \xrightarrow{\psi_x} F_x \otimes_{\mathcal{O}_x} \mathbb{C} \longrightarrow 0,$$

et φ_x s'interprète comme suit : le morphisme f de (15) est défini par q sections continues $f^1, \ldots, f^q$ de $\mathcal{O}^p$, c'est-à-dire par q fonctions holomorphes $f^1, \ldots, f^q$ à valeurs dans $\mathbb{C}^p$. Alors la valeur de φ_x sur le i-ième vecteur de la base canonique de $\mathbb{C}^q$ est égale à $f^i(x)$: valeur, au point x, de la fonction holomorphe f^i. Ainsi, $f^1, \ldots, f^q$ définissent une matrice holomorphe M (x) à p lignes et q colonnes; et la matrice de l'application linéaire φ_x est la valeur, au point x, de cette matrice. Cela dit, l'exactitude de la suite (15.2) donne, en comptant les dimensions des espaces vectoriels :

$$(15.3) \qquad \mathrm{rg}(F_x) = p - \dim_{\mathbb{C}} (\mathrm{Im}\ \varphi_x).$$

Les points x où $\mathrm{rg}(F_x) > m$ sont donc ceux où l'image de φ_x est de dimension $< p-m$, c'est-à-dire où tous les mineurs d'ordre p-m de la matrice M(x) sont nuls. On obtient donc ces points x en égalant à zéro un système fini de fonctions holomorphes au voisinage de x_0.

C.Q.F.D.

Corollaire du théorème 15.1. - Le support de F (ensemble des x tels que $F_x \neq 0$) est un sous-espace analytique.

Etude de l'ensemble des points x où F_x est $\mathcal{O}_x$-libre.

Proposition 15.2. - L'ensemble des x où F_x est libre est un ouvert U, et $\mathrm{rg}(F_x)$ est localement constant dans U. Réciproquement, si $\mathrm{rg}(F_x)$ est constant au voisinage de x_0, F_{x_0} est libre.

Supposons que F_{x_0} soit libre, et soit $\mathrm{rg}(F_{x_0}) = p$. Il existe, au voisinage de x_0, une suite exacte de faisceaux

$$0 \longrightarrow N \longrightarrow \mathcal{O}^p \xrightarrow{f} F \longrightarrow 0 ;$$

le noyau N est cohérent, et $N_{x_0} = 0$; donc $N_x = 0$ pour x assez voisin de x_0, et f est donc un isomorphisme de faisceaux au voisinage de x_0 ; il s'ensuit que F_x est libre de rang p pour tout x assez voisin de x_0. Réciproquement, supposons $\mathrm{rg}(F_x) = p$ au voisinage de x_0, et écrivons, au voisinage de x_0, un début de résolution (15.1); la relation (15.3), compte tenu du fait que $\mathrm{rg}(F_x) = p$, dit que $\mathrm{Im}\ \varphi_x = 0$ pour x assez voisin de x_0; donc le morphisme f de (15.1) est nul, et $g : \mathcal{O}^p \to F$ est un isomorphisme de faisceaux au voisinage de x_0.

Remarque : le cas où F_x est libre n'exclut pas que F_x soit réduit à 0; c'est le cas où $\mathrm{rg}\, F_x = 0$.

Soit toujours F un faisceau cohérent sur X. Soit m le minimum de $\mathrm{rg}(F_x)$ quand x parcourt X. D'après le théorème 15.1, l'ensemble des x tels que $\mathrm{rg}(F_x) > m$ est un sous-ensemble analytique Y distinct de X. Si X est irréductible (c'est-à-dire si X n'est pas réunion de deux sous-espaces analytiques X' et X'' tous deux distincts de X), l'ouvert X - Y est dense dans X. Dans le cas général (où X n'est plus nécessairement irréductible), un raisonnement facile montre que l'on a encore le résultat suivant :

Théorème 15.3. - L'ensemble des points $x \in X$ où F_x n'est pas libre est un sous-espace analytique, dont le complémentaire est un ouvert U partout dense. Le rang de F_x, aux points $x \in U$, est constant si X est irréducible.

Supposons maintenant que X soit une variété analytique complexe de dimension n. Alors le théorème des syzygies (théorème 1.1) s'applique au $\mathcal{O}_x$-module F_x.

Définition : on appelle dimension homologique de F_x, et on note $\mathrm{dh}(F_x)$, le plus petit des entiers m tels que F_x possède une résolution libre, de type fini, et de longueur m (cf. nº 1). On convient que si $F_x = 0$, $\mathrm{dh}(F_x) = -\infty$; sinon, $\mathrm{dh}(F_x)$ est un entier ≥ 0 et $\leq n$; $\mathrm{dh}(F_x) = 0$ si et seulement si F_x est libre et $\neq 0$.

Si $F_x \neq 0$, le théorème 1.2 donne le critère suivant : choisissons arbitrairement une suite exacte

$$(\mathcal{O}_x)^{p_{m-1}} \xrightarrow{f_x} (\mathcal{O}_x)^{p_{m-2}} \longrightarrow \dots \longrightarrow (\mathcal{O}_x)^{p_0} \longrightarrow F_x \longrightarrow 0,$$

et soit N_x le noyau de f_x [si $m = 0$, la suite se compose uniquement de $F_x \to 0$, et $N_x = F_x$; si $m = 1$, f_x désigne $(\mathcal{O}_x)^{p_0} \to F_x$]. Pour que $dh(F_x) \leq m$, il faut et il suffit que N_x soit libre.

Théorème 15.4. - Soit F un faisceau cohérent sur une variété analytique X. L'ensemble des $x \in X$ tels que

$$dh(F_x) > m$$

est un sous-espace analytique de X.

En effet, c'est vrai si $m < 0$: il s'agit alors de l'ensemble des x tels que $F_x \neq 0$ (cf. corollaire du théorème 15.1). Si $m \geqslant 0$, on applique le critère précédent : on trouve l'ensemble des points où N_x n'est pas libre, ensemble auquel on applique le théorème 15.3.

On peut démontrer que l'ensemble

$$E\left(x \mid dh(F_x) > m\right)$$

est, dans X, de codimension (complexe) > m.

Dans le cas général où l'espace analytique X n'est plus nécessairement une variété, on introduit une notion autre que celle de dimension homologique (celle-ci pourrait être infinie). Réalisons localement X comme sous-espace analytique d'une variété Y de dimension N; si F est un faisceau $\mathcal{O}(X)$-cohérent, notons $\hat{F}$ le faisceau, sur Y, qui induit F sur X et est nul hors de X; $\hat{F}$ doit être considéré comme faisceau $\mathcal{O}$(Y)-cohérent. On a, pour $x \in X$,

$$dh(\hat{F}_x) \leq N$$

[$dh(\hat{F}_x)$ est la dimension homologique de F_x considéré comme module sur l'anneau de séries convergentes $\mathcal{O}_x(Y)$, et non comme module sur l'anneau quotient $\mathcal{O}_x(X)$]. On montre que la différence

$$N - dh(\hat{F}_x)$$

ne dépend pas du choix du plongement de X (au voisinage de x) dans une variété. Cet entier s'appelle la <u>profondeur</u> du $\mathcal{O}_x$-module F_x, et se note

$$\text{prof}\,(F_x).$$

Il est égal à $+\infty$ si $F_x = 0$; il est fini et ≥ 0 si $F_x \neq 0$.

Le théorème 15.4 a pour :

<u>Corollaire.</u> - <u>Soit</u> F <u>un faisceau cohérent sur un espace analytique</u> X. <u>L'ensemble des</u> x <u>tels que</u>

$$\text{prof}\,(F_x) < k \qquad (k \text{ entier, éventuellement } +\infty)$$

<u>est un sous-espace analytique.</u>

Si on admet le complément au théorème 15.4, relatif à la codimension de $E\left(x \mid dh(F_x) > m\right)$, on voit que <u>l'espace analytique du corollaire est de dimension</u> $< k$.

J.P. Serre [15] a prouvé que la profondeur de F_x est égale à la longueur de toutes les F_x-suites maximales : une F_x-suite est une suite $(u_1,\ldots,u_p)$ d'éléments de l'idéal maximal $\mathfrak{m}_x \subset \mathcal{O}_x$, telles que, si J_k (pour $0 \leq k < p$) désigne l'idéal de $\mathcal{O}_x$ engendré par $u_1,\ldots,u_k$, l'élément $u_{k+1} \in \mathcal{O}_x / J_k$ ne soit pas diviseur de zéro pour le $(\mathcal{O}_x / J_k)$-module $F_x / J_k \cdot F_x$. On observera que la condition (P_n) du n° 1 exprime que l'anneau $K\{x_1,\ldots,x_n\}$, considéré comme module sur lui-même, est de profondeur n.

Appliquons la notion de profondeur à l'anneau $\mathcal{O}_x$ lui-même (nous sommes en un point x d'un espace analytique X). Si x est un point régulier, c'est-à-dire si X est une variété analytique au voisinage de x, on a

$$\text{prof}\,(\mathcal{O}_x) = \dim_x X$$

d'après ce qui précède (le second membre désigne la dimension complexe de X au point x). Soit maintenant x un point singulier (c'est-à-dire non régulier) de X; on sait que si $\dim_x X = n$, il existe des points réguliers $y \in X$, arbitrairement voisins de x, et tels que $\dim_y (X) = n$. Il s'ensuit que

$$\text{(15.4)} \qquad \text{prof}\,(\mathcal{O}_x) \leq \dim_x X\,,$$

puisque l'ensemble des y tels que $\text{prof}\,(\mathcal{O}_y) \geq \text{prof}\,(\mathcal{O}_x)$ est ouvert (corollaire du théorème 15.4).

Lentier $\text{prof}\,(\mathcal{O}_x)$ corrige en quelque sorte la notion de dimension aux points x singuliers de X; l'entier $\dim_x X - \text{prof}\,(\mathcal{O}_x) \geq 0$

donne une mesure de la singularité du point x. Par exemple, en un point x au voisinage duquel X peut se réaliser comme intersection complète dans une variété Y (c'est-à-dire de façon que le sous-espace X soit défini, dans Y, en égalant un nombre de fonctions holomorphes égal à la codimension de X dans Y), la profondeur de $\mathcal{O}_x$ est égale à $\dim_x X$.

16. La cohomologie locale de Grothendieck.

Voici d'abord des considérations purement topologiques. Soit A un sous-ensemble fermé d'un espace topologique (quelconque) X. On va définir les groupes de cohomologie de X, à coefficients dans un faisceau de groupes abéliens F, et à supports dans A : c'est un cas particulier de la cohomologie à supports dans une famille Φ de fermés (cf. [7]).

Tout d'abord, le support d'une section continue $s \in \Gamma(X, F)$ est un fermé. Les s dont le support est contenu dans A forment un sous-groupe $\Gamma_A(X, F)$ de $\Gamma(X, F)$; alors

$$F \rightsquigarrow \Gamma_A(X; F)$$

est un foncteur covariant de la catégorie des faisceaux dans la catégorie des groupes abéliens. Il est exact à gauche : pour toute suite exacte

$$0 \longrightarrow F' \longrightarrow F \longrightarrow F'' \longrightarrow 0,$$

la suite

$$0 \longrightarrow \Gamma_A(X,F') \longrightarrow \Gamma_A(X,F) \longrightarrow \Gamma_A(X,F'')$$

est exacte. Les "groupes de cohomologie à supports dans A" :

$$H^n_A(X,F) \qquad \text{(n entier } \geqslant 0)$$

sont les "foncteurs dérivés à droite" de ce foncteur exact à gauche. On peut en donner une caractérisation axiomatique, calquée sur celle donnée au n° 5 pour les $H^n(X,F)$. En particulier, on a un isomorphisme fonctoriel

$$H^0_A(X,F) \approx \Gamma_A(X,F),$$

et les $H^n_A(X,F)$, pour $n \geqslant 1$, sont nuls lorsque F est flasque. Comme au n° 5, les $H^n_A(X,F)$ peuvent se calculer avec une résolution flasque de F (cf. la suite exacte (5.2) du théorème 5.1).

Soit $\Gamma(X,F) \longrightarrow \Gamma(X-A,F)$ l'homomorphisme de restriction; son noyau est évidemment $\Gamma_A(X,F)$. Dans le cas où $F = L^n$ $(n \geqslant 0)$ est flasque, la suite

$$0 \longrightarrow \Gamma_A(X,L^n) \longrightarrow \Gamma(X,L^n) \longrightarrow \Gamma(X-A,L^n) \longrightarrow 0$$

est exacte, car toute section continue de L^n au-dessus de l'ouvert X-A peut se prolonger en une section continue au-dessus de X, puisque L^n est flasque. On a donc une suite exacte de groupes différentiels gradués

$$0 \longrightarrow \Gamma_A(X,L^*) \longrightarrow \Gamma(X,L^*) \longrightarrow \Gamma(X-A,L^*) \longrightarrow 0,$$

et celle-ci donne naissance à une suite exacte illimitée pour les groupes de cohomologie, à savoir :

(16.1) $$0 \longrightarrow \Gamma_A(X,F) \longrightarrow \Gamma(X,F) \longrightarrow \Gamma(X-A,F) \longrightarrow H^1_A(X,F) \longrightarrow$$
$$\longrightarrow H^1(X,F) \longrightarrow \dots \longrightarrow H^n_A(X,F) \longrightarrow H^n(X,F) \longrightarrow H^n(X-A,F) \longrightarrow$$
$$\longrightarrow \dots \longrightarrow H^{n+1}_A(X,F) \longrightarrow \dots .$$

(Cette suite ne dépend pas du choix de la résolution flasque L^*). L'application $H^n(X,F) \longrightarrow H^n(X-A,F)$ de cette suite s'appelle l'homomorphisme de restriction pour la cohomologie.

Par le moyen de cette suite exacte, les groupes $H^n_A(X,F)$ donnent des informations sur les homomorphismes de restriction. Par exemple, supposons que $H^i_A(X,F) = 0$ pour $0 \leq i \leq r$; alors

$H^i(X,F) \longrightarrow H^i(X-A,F)$ est bijectif pour $i < r$,

$H^r(X,F) \longrightarrow H^r(X-A,F)$ est injectif.

Remarque: soit U un ouvert de X tel que $U \supset A$. Il est clair que l'homomorphisme de restriction

$$\Gamma_A(X,L^*) \longrightarrow \Gamma_A(U,L^*)$$

est bijectif. Donc on a des isomorphismes $H^n_A(X,F) \approx H^n_A(U,F)$. Les groupes $H^n_A(X,F)$ ne dépendent donc que des propriétés de X (et de F) au voisinage de A. D'où le nom de cohomologie locale (sous-entendu : locale au sens de A).

Soit maintenant U un ouvert ne contenant plus nécessairement A. On a des homomorphismes de restriction

$$H_A^n(X,F) \longrightarrow H_{A\cap U}^n(U,F),$$

définis à partir de $\Gamma_A(X,L^*) \longrightarrow \Gamma_{A\cap U}(U;L^*)$. On écrira, par abus de langage, $H_A^n(U,F)$ au lieu de $H_{A\cap U}^n(U;F)$. Il s'ensuit que, lorsque U parcourt l'ensemble des ouverts de X, les groupes $H_A^n(U,F)$ forment un <u>préfaisceau</u> de groupes abéliens: on le notera $H_A^n(F)$.

Soit $\mathcal{U} = (U_i)_{i\in I}$ un recouvrement ouvert de X. On peut considérer les groupes de cohomologie de $\mathcal{U}$ à valeurs dans le préfaisceau $H_A^q(F)$, soit

$$H^p(\mathcal{U}, H_A^q(F)).$$

(Pour la notion de groupes de cohomologie d'un recouvrement, voir par exemple [13]). Par la méthode habituelle on démontre l'existence d'une "suite spectrale de Leray" : il existe une suite spectrale, dont le terme E_2 est défini par

$$E_2^{p,q} = H^p(\mathcal{U}, H_A^q(F)),$$

et qui converge vers le groupe gradué $H_A^*(X,F) = \bigoplus_{n\geq 0} H_A^n(X,F)$

Des raisonnements classiques de suite spectrale donnent alors:

<u>Proposition 16.1.</u> - <u>Soit</u> F <u>un faisceau de groupes abéliens sur l'espace</u> X, <u>et soit</u> A <u>un fermé de</u> X. <u>Soit</u> $\mathcal{U} = (U_i)_{i\in I}$ <u>un recouvrement</u>

ouvert de X, et soit $r \geqslant 0$ un entier. Supposons que, pour toute intersection finie

$$U_{i_0 \ldots i_p} = U_{i_0} \cap \ldots \cap U_{i_p}$$

d'ouverts de $\mathcal{U}$, les groupes de cohomologie locale $H^q_A(U_{i_0 \ldots i_p}, F)$ soient nuls pour $q \leqslant r$. Alors on a

$$H^q_A(X, F) = 0 \quad \text{pour} \quad q \leqslant r.$$

Allons un peu plus loin. Supposons que l'on sache déjà que, pour tout ouvert $V \subset X$, on a

$$H^q_A(V, F) = 0 \quad \text{pour} \quad q < r;$$

supposons en outre que tout point $x \in X$ possède un voisinage ouvert U_x tel que $H^r_A(U, F) = 0$. Recouvrons X par de tels ouverts U_x, et considérons la suite spectrale de ce recouvrement : elle montre que $H^r_A(X, F) = 0$. Si on fait la même chose pour un ouvert $V \subset X$, on trouve de même que $H^r_A(V, F) = 0$. Ces considérations, appliquées par récurrence, conduisent finalement à la :

Proposition 16.2. - Soit F un faisceau de groupes abéliens sur l'espace X, et soit A un fermé de X. Soit r un entier $\geqslant 0$. Supposons que chaque point $x \in X$ possède un voisinage ouvert U tel que $H^q_A(U, F) = 0$ pour $q \leqslant r$. Alors, pour tout ouvert $V \subset X$, on a

$$H^q_A(V, F) = 0 \quad \text{pour} \quad q \leqslant r.$$

La conclusion notamment pour X lui-même : ainsi, on a pu "globaliser" la nullité des groupes $H^q_A(X,F)$ pour $q \leq r$, en supposant leur nullité au voisinage de chaque point.

On va appliquer ceci à un exemple déjà traité par G. Schja [11] . Soit X une <u>variété</u> analytique complexe de dimension n. Soit A un sous-ensemble <u>fermé</u>, de dimension complexe $\leq p$ en chacun de ses points (ceci signifie que pour tout $x \in A$ il existe un ouvert U contenant x et un sous-ensemble analytique M de U, de dimension $\leq p$, tel que $A \cap U \subset M$). Un raisonnement dû à Frenkel [6] et repris par Scheja, ainsi que par Andreotti et Grauert [1] , montre cèci : tout $x \in X$ possède un voisinage ouvert U tel que

$$H^r_A(U, \mathcal{O}) = 0 \qquad \text{pour} \quad r < n-p .$$

D'après la proposition 16.2, on a donc

$$H^r_A(X, \mathcal{O}) = 0 \qquad \text{pour} \quad r < n-p .$$

Mieux : soit F un faisceau cohérent <u>localement libre</u> sur X; pour V ouvert assez petit, on a $H^r_A(V,F) = 0$ pour $r < n-p$, d'après le résultat précédent. D'où finalement:

(16.2) $\qquad H^r_A(X,F) = 0 \qquad$ pour $r < n-p$, si F est localement libre.

Soit maintenant F un faisceau cohérent quelconque sur la variété X . Tout $x_0 \in X$ possède un voisinage ouvert U dans lequel on a une résolution libre de type fini :

$$0 \longrightarrow \mathcal{O}^{p_k} \longrightarrow \mathcal{O}^{p_{k-1}} \longrightarrow \cdots \longrightarrow \mathcal{O}^{p_0} \longrightarrow F \longrightarrow 0,$$

en supposant $dh(F_x) \leq k$ pour x voisin de x_o. La suite exacte de cohomologie donne alors, par récurrence sur k à partir du cas $k = 0$:

$$H_A^r(U,F) = 0 \qquad \text{pour } r < n-k-p.$$

Donc, si $dh(F_x) \leq k$ pour tout $x \in X$, on a, par application de la proposition 16.2 :

(16.3) $$H_A^r(X,F) = 0 \qquad \text{pour } r < n-k-p.$$

Enfin, examinons le cas général où X est un espace analytique, A étant un sous-espace fermé de dimension complexe $\leq p$. Au voisinage de chaque point de X, on peut réaliser X comme sous-espace d'une variété Y; soit n la dimension de Y; alors, dans la formule (16.3), $n-k$ est la profondeur de F_x (si k est la dimension homologique de $\hat{F}_x$). Par une nouvelle application de la proposition 16.2, on trouve finalement :

Théorème 16.3. - Soit A un sous-ensemble fermé, de dimension complexe $\leq p$, d'un espace analytique X. Soit F un faisceau cohérent sur X; supposons que

$$\text{prof}(F_x) \geq \rho \qquad \text{pour tout } x \in X.$$

Alors on a

$$H_A^r(X,F) = 0 \qquad \text{pour } r < \rho - p.$$

Par exemple, si on a

$$\mathrm{prof}\,(F_x) \geqslant p+2 \qquad \text{en tout point } x \in X ,$$

alors $H^0_A(X,F)$ et $H^1_A(X,F)$ sont nuls; donc l'homomorphisme de restriction

$$\Gamma(X,F) \longrightarrow \Gamma(X-A,F)$$

est <u>bijectif</u> : toute section continue de F dans X-A se prolonge d'une seule manière en une section continue dans X. Ce résultat s'applique notamment au faisceau structural de l'espace X : si la profondeur de $\mathcal{O}_x$ est $\geqslant p+2$ en tout point $x \in X$ (ce qui exige que $\dim_x X \geqslant p+2$, mais exige davantage en certains points singuliers de X), alors toute fonction holomorphe dans X-A se prolonge d'une seule manière en une fonction holomorphe dans X. Lorsque X est une variété de dimension n, et A un sous-espace analytique de dimension $\leqslant n-2$, c'est un résultat classique dû à Hartoys.

17. La cohomologie locale (Suite).

Nous allons donner un autre exemple de "cohomologie locale". Soit, dans une <u>variété</u> analytique X de dimension n, un <u>compact de Stein</u> A (par là nous entendons que le compact A possède un système fondamental de voisinages ouverts U qui sont des variétés de Stein). On peut alors démontrer que

(17.1) $\qquad H^r_A(X,F) = 0$ pour $r \neq n$, si F est localement libre.

La démonstration ne sera pas donnée ici; elle utilise la dualité des espaces vectoriels topologiques, car on a besoin du résultat de Serre [12] : si U est un ouvert de Stein, et F un faisceau localement libre, alors $H^r_c(U,F) = 0$ pour $r \neq n$, en notant H^r_c les groupes de cohomologie à <u>supports compacts</u>.

Mais ici, ce résultat ne se localise pas à <u>tout</u> ouvert $V \subset X$: on ne peut affirmer que $H^r_A(V,F) = 0$ pour $r < n$, F étant supposé localement libre. On ne peut donc pas utiliser la proposition 16.2, comme dans l'exemple précédent.

Pour traiter le cas où F est un faisceau <u>cohérent</u> (qu'on ne suppose plus localement libre), on ne peut plus utiliser des résolutions locales de F, puisque la proposition 16.2 ne s'applique pas. Heuresement, on peut utiliser une résolution globale : si U est un ouvert de Stein contenant A, on peut appliquer au faisceau F (sur U) le "théorème A" ; il s'ensuit qu'il existe un système <u>fini</u> d'éléments de $\Gamma(U,F)$, qui engendrent le $\mathcal{O}_x$-module F_x en chaque point x du compact A. On a donc, dans un voisinage de A, un morphisme surjectif $\mathcal{O}^{p_0} \to F$, et on peut recommencer le même raisonnement sur le noyau de ce morphisme. Supposons alors que

$$(17.2) \qquad dh(F_x) \leq k \qquad \text{pour tout } x \in A .$$

On aura, dans un voisinage ouvert convenable V de A, une suite exacte

$$0 \longrightarrow N \longrightarrow \mathcal{O}^{p_{k-1}} \to \dots \to \mathcal{O}^{p_0} \longrightarrow F \longrightarrow 0 ,$$

et le faisceau N sera <u>localement libre</u> (à condition de changer V au besoin). Comme $H^r_A(X,F) = H^r_A(V,F)$, une application répétée de la suite exacte de cohomologie fournit le résultat suivant :

(17.3) $H^r_A(X,F) = 0$ pour $r < n-k$, sous l'hypothèse (17.2) .

Envisageons maintenant le cas plus général où X est un espace analytique, A étant toujours un compact de Stein. D'après un théorème de Narasimhan [10] , il existe un voisinage ouvert V de A, relativement compact, qui admet une réalisation comme sous-espace analytique d'une variété Y; soit n la dimension de Y. En raisonnant alors comme à la fin du n° 16, on obtient :

Théorème 17.1. - Soit A un compact de Stein dans un espace analytique X , et soit F un faisceau cohérent sur X. On a

$$H^r_A(X,F) = 0 \qquad \text{pour } r < \rho ,$$

pourvu que

$$\text{prof}(F_x) \geq \rho \qquad \text{pour tout } x \in A .$$

Par exemple, si $\text{prof}(F_x) \geq 2$ en tout point $x \in A$, on a $H^0_A(X,F) = 0$, $H^1_A(X,F) = 0$; donc l'homomorphisme de restriction

$$\Gamma(X,F) \longrightarrow \Gamma(X-A,F)$$

est bijectif. Ce résulté s'applique notamment au faisceau structural $\mathcal{O}$, et donne un théorème de prolongement des fonctions holomorphes, dont le premier exemple est dû à Hartogs (prolongement d'une fonction holomorphe donnée à l'extérieur d'une boule de $\mathbb{C}^n$, lorsque $n \geqslant 2$).

Pour terminer, je voudrais signaler que les résultats développés par Andreotti au cours de ses leçons durant la présente session (voir aussi [1]) rendent vraisemblable le théorème suivant :

Soit X une variété analytique complexe de dimension n, munie de la donnée d'une fonction p, de classe C^{∞}, à valeurs > 0, fortement q-pseudoconvexe, et telle que les ensembles de la forme

$$0 < \varepsilon \leq p(x) < c < +\infty$$

soient compacts. Soit A_c le fermé défini par

$$p(x) \leq c .$$

Alors on a

$$H^r_{A_c}(X, F) = 0 \qquad \text{pour } r < k-q ,$$

dès que

$$dh(F_x) \leq k \qquad \text{pour tout } x \in A_c .$$

(Comparer à la proposition 25 de [1]).

J'ignore comment on peut traiter le cas d'un espace analytique.

BIBLIOGRAPHIE

[1] A. ANDREOTTI et H. GRAUERT, Théorèmes de finitude pour la cohomologie des espaces complexes (Bull. Soc. M. de France, 90, 1962, p. 193-260).

[2] H. CARTAN, Séminaire 1951-52, Exposés XV à XX.

[3] H. CARTAN, Colloque sur les fonctions de plusieurs variables (Bruxelles 1953; p. 41-56).

[4] H. CARTAN, Idéaux et modules de fonctions analytiques de variables complexes (Bull. Soc. M. de France, 78, 1950, p. 29-64).

[5] H. CARTAN and S. EILENBERG, Homological Algebra (Princeton Math. Series, n° 19, 1956).

[6] J. FRENKEL, Cohomologie non abélienne et espaces fibrés (Bull. Soc. M. de France, 85, 1957, p. 135-230).

[7] R. GODEMENT, Théorie des faisceaux (Hermann, Paris 1958).

[8] R. C. GUNNING, Local theory of several complex variables (Notes miméographiées rédigées par R. Hartshorne, Princeton 1960).

[9] C. HOUZEL, Exposés 18 à 21 du Séminaire H. Cartan (1960-61).

[10] R. NARASIMHAN, Imbedding of holomorphically complete complex spaces (Amer. J. Math., 82, 1960 p. 917-934).

[11] G. SCHEJA, Riemannsche Hebbarkeitssätze für Cohomologieklassen (Math. Ann., 144, 1961, p. 345-360).

[12] J. P. SERRE, <u>Colloque sur les fonctions de plusieurs variables</u> (Bruxelles 1953; p. 57-68).

[13] J. P. SERRE, Faisceaux algébriques cohérents (Annals of Math., Series 2, 61, 1955, p. 197-278).

[14] J. P. SERRE, Un théorème de dualité (Commentarii Math. Helv., 29, 1955, p. 9-26).

[15] J. P. SERRE, Sur la dimension homologique des anneaux et des modules noethériens (Symposium Tokyo-Nikko, 1956, p. 175-190).

CENTRO INTERNAZIONALE MATEMATICO ESTIVO

(C.I.M.E.)

P. LELONG

FONCTIONS PLURISOUSHARMONIQUES ET FORMES DIFFERENTIELLES POSITIVES

Roma - Istituto Matematico dell'Università

FONCTIONS PLURISOUSHARMONIQUES ET FORMES DIFFERENTIELLES POSITIVES

Introduction

Le présent cours résume huit exposés que nous avons donnés à la session d'été de la CIME à Varenna en 1963. Ils ont été faits dans des conditions exceptionelles que connaissent bien tous ceux qui ont eu la bonne fortune d'apporter leur contribution aux Séminaires de la CIME.

Nous exprimons ici tous nos remerciements aux membres éminents de l'Ecole mathématique italienne qui par leur présence et leur participation active on fait pour nous de ce séjour une période de travail extrêmement intéressante.

Les exposés qui suivent concernent, au fond, des notions qui se rattachent à la "convexité complexe", dans ses rapports avec l'étude des fonctions analytiques de plusieurs variables complexes. On y trouvera une étude des fonctions plurisousharmoniques, qui, depuis nos Notes de 1942 et un Mémoire (1945) paru aux Annales de l'Ecole Normale Supérieure, sont devenues un instrument classique. Sur ce point le présent cours complète l'exposé, vieux maintenant d'une dizaine d'années, donné au Colloque sur les fonctions de plusieurs variables de Bruxelles (Centre belge de Recherche Mathématique, 1953, Masson, Paris, ed.). En ce qui concerne le théorème de K. OKA, fondamental en cette matière, on a suivi ici un travail récent de R. Narasimhan (1962) qui, à partir d'une définition appropriée des fonctions plurisousharmoniques sur un espace analytique X, établit qu'un domaine $D \subset\subset X$, strictement convexe par rapport aux fonctions plurisousharmoniques, est holomorphiquement convexe.

Une autre partie de ce cours concerne la notion d'élément positif dans une algèbre extérieure complexe avec involution. Cette notion est liée, elle aussi, à la convexité complexe et à l'étude de certains problèmes concernant les fonctions analytiques de plusieurs variables complexes. Si V est plurisousharmonique, le "courant" $id_z d_{\bar{z}} V$ est "positif" de type (1,1). D'autre part on sait que l'intégration sur un sous-ensemble analytique complexe de dimension p est un courant positif fermé de type (p,p).

L'étude des éléments positifs est faite dans le dernier chapitre de ce cours; la définition et quelques uns des énoncés donnés remontent à une note parue en 1957 (Proc. Nat. Acad. of Sc. USA).

La bibliographie est donnée à la fin de chaque chapitre et succincte. On trouvera des références plus complètes dans les volumes du séminaire d'Analyse (Inst. Poincaré, Paris), vol. I 1958, vol. IV 1962, et notamment, en ce qui concerne le problème de Levi, dans l'exposé n. 6 de ce dernier volume.

P. Lelong

Chapitre I

Dans ce Chapitre, on rappellera brèvement quelques définitions utiles concernant les opérateurs linéaires appelés distributions et courants, puis on donnera un complément au théorème de Stokes-de Rham, de manière à obtenir une condition de prolongement d'un courant fermé par un courant de même nature sur une variété différentiable X : le résultat sera utilisé par la suite pour définir l'intégration sur un ensemble analytique complexe.

1. Distributions - Courants

On notera (C^p), (C^∞) la classe des fonctions respectivement p fois continument dérivables, respectivement indéfiniment dérivables; $D^{(\alpha)}\varphi$, où $(\alpha)=(\alpha_1, \ldots, \alpha_m)$, désigne la dérivée partielle de la fonction φ ; son ordre total est $|\alpha| = \alpha_1 + \ldots + \alpha_m$; G étant un ouvert de X, D (G) est l'espace vectoriel des fonctions φ, (C^∞), dont le support [noté $S(\varphi)$] est compact dans G. L'espace D(G) est muni de la pseudo-topologie suivante : $\varphi_n \to 0$ si l'on a à la fois :

a) les supports $S(\varphi_n)$ demeurent dans un compact $K \subset G$

b) $\sup_x |D^{(\alpha)} \varphi_n(x)| = m_n^{(\alpha)} \to 0$ quand $n \to +\infty$,

ceci quel que soit l'indice de dérivation (α) donné.

Une distribution T est, par définition un opérateur linéaire $T(\varphi)$ sur D(G) pour lequel on a $T(\varphi_n) \to 0$ quand $\varphi_n \to 0$. Elle est dite continue d'ordre p si elle a la propriété particulière que $T(\varphi_n) \to 0$ pour toute suite φ_n vérifiant a) et

b)$_p$ $\sup_x |D^{(\alpha)} \varphi_n(x)| = m_n^{(\alpha)} \to 0$, quand $n \to +\infty$, pour les indices (α) vérifiant $|\alpha| \leq p$.

Si T est continue d'ordre p fini, T se prolonge à l'espace $D^p(G)$ des fonctions à support compact dans G, de classe (C^p), car D(G) est dense dans $D^p(G)$ muni de la topologie de la convergence uniforme sur tout compact pour les dérivées jusqu'à l'ordre p.

En particulier une distribution continue d'ordre zéro s'identifie à une mesure de Radon.

Définition : Un opérateur linéaire $l(\varphi)$ sera dit positif si l'on a $l(\varphi) \geqslant 0$ pour $\varphi \geqslant 0$.

Proposition 1. Un opérateur linéaire positif $l(\varphi)$ sur un sous-espace vectoriel L de $D^\circ(G)$ dense sur $D^\circ(G)$ est une mesure positive si l'on suppose que, pour tout compact K, L contient une fonction positive majorant la fonction caractéristique de K.

En effet, soit $\varphi \in L$; son support $S(\varphi)$ étant compact, il existe $\alpha(x) \in L$ majorant la constante 1 sur $S(\varphi)$, et l'on a

$$-\|\varphi\| \, \alpha(x) \leq \varphi(x) \leq \|\varphi\| \, \alpha(x)$$

où $\|\varphi\| = \sup |\varphi(x)|$.

On en déduit, $l(\varphi)$ étant positif :

$$-\|\varphi\| \, l(\alpha) \leq l(\varphi) \leq \|\varphi\| \, l(\alpha) .$$

D'où

$$(1) \qquad |l(\varphi)| \leq A \|\varphi\|$$

qui établit que l est un opérateur continu d'ordre zéro sur L et par suite sur $D^\circ(G)$, L étant dense sur $D^\circ(G)$. En particulier une distribution positive s'identifie à une mesure positive.

On désigne par $\bar{G}$ l'adhérence de G, par D(G) l'espace des $\varphi \in$ D(X) pour lesquelles $S(\varphi) \subset \bar{G}$. Rappelons que la restriction T_Ω d'une distribution T définie dans G, [c'est-à-dire sur D(G)] , à un ouvert $\Omega \subset\subset G$ ($\subset\subset$ signifie d'adhérence compacte dans G : $\bar{\Omega} \subset G$) est une distribution continue d'ordre fini sur $D(\Omega)$, car une base de voisinages de zéro dans $D(\bar{\Omega})$ est constitué par les $V(p, \varepsilon)$ ensemble des $\varphi \in D(\bar{\Omega})$ vérifiant un <u>nombre fini</u> de conditions :

$$(2) \qquad \left| D^{(\alpha)} \varphi(x) \right| \leq \varepsilon \qquad |\alpha| \leq p.$$

La continuité de T sur D(G) entraine alors que pour le sous-espace $D(\bar{\Omega})$ on peut satisfaire

$$(3) \qquad |T(\varphi)| \leq \eta.$$

quand $\varphi \in V(p, \varepsilon)$; T étant linéaire, (3) entraine l'existence d'un A fini tel qu'on ait

$$(3_b) \qquad |T(\varphi)| \leq A \sup \left| D^{(\alpha)} \varphi(x) \right| \, , \quad x \in \bar{\Omega} \, , \ |\alpha| \leq p$$

pour $\varphi \in D(\bar{\Omega})$, et cette dernière majoration équivaut à écrire

$$T_\Omega \in D'^p$$

où D'^p est l'espace des distributions continues d'ordre p.

Le <u>support</u> de T est le plus petit ensemble fermé σ tel que la restriction de T à $G-\sigma$ soit nulle : si le support S(T) est compact,

T est continue d'ordre fini :

La dérivée d'une distribution est définie par dualité; on pose

$$\frac{\partial T}{\partial x_k}(\varphi) = - T\left(\frac{\partial \varphi}{\partial x_k}\right)$$

qui montre que $\frac{\partial T}{\partial x_k}$ est une distribution; elle est continue en général d'ordre p+1 si T est continue d'ordre p.

Une distribution continue d'ordre $\leq p$, à suppdrt compact K peut être représentée comme une somme finie de dérivées d'ordre $\leq p$ de mesures dont les supports peuvent être pris dans un voisinage arbitraire U de K. En effet la majoration (3_b) fait apparaitre $T(\varphi)$ comme une fonctionnelle linéaire ayant la continuïté d'ordre zéro sur les vecteurs $\Lambda = \{\varphi, \ldots, D^\alpha \varphi\}$, $|\alpha| \leq p$, à N composantes. Mais Λ est un sous espace vectoriel de $(D^\circ)^N$: d'après le théorème de Halen-Banach, T s'étend en une fonctionnelle continue sur $(D^\circ)^N$ c'est-à-dire qu'on a:

$$T(\varphi) = \sum_{|j| \leq p} \mu_{(j)}(D^{(j)}(\varphi)) = \left[\sum (-1)^j D^{(j)} \mu_j\right](\varphi)$$

et les mesures μ_j sont nulles sur tout compact K′étranger à K sinon il existerait une fonction φ nulle ainsi que ses dérivées, jusqu'à l'ordre p compris, sur K pour laquelle l'égalité précédente serait en défaut.

Courants. Un courant est un opérateur linéaire défini sur l'espace des formes différentielles à support compact, à coefficients indéfiniment dérivables. On supposera X, orientable dénombrable à l'infini, de dimension m et (C^∞); on appellera courant sur X un opérateur linéaire $t(\varphi)$

continu sur l'espace D(X) des formes (C^{∞}) à support compact sur X, muni de la pseudo-topologie : $\varphi_n \to 0$ si les supports $S(\varphi_n)$ demeurent dans un compact fixe $K \subset X$ et si pour chaque coefficient $\varphi_{n,(i)}$ de φ_n, et tout indice de dérivation (α), $D^{(\alpha)}\varphi_{n,(i)} \to 0$ uniformément sur le support $S(\varphi_n)$.

On dit, comme plus haut, que $t(\varphi)$ est continu d'ordre p si $t(\varphi_n) \to 0$ sous les conditions a) et $b)_p$ pour les coefficients des φ_n.

Il est commode de décomposer un courant sous la forme

$$t = \sum_{0 \leq k \leq m} t_k$$

t_k étant un courant homogène de degré k, c'est-à-dire nul sur les formes homogènes de degré $k \neq m-k$: on obtient t_k en décomposant φ en éléments homogènes :

$$\varphi = \sum_{0 \leq k \leq m} \varphi_k$$

et définissant

$$t_k(\varphi) = t(\varphi_k)$$

Tant comme une distribution un courant t est connu sur X [c'est-à-dire sur D(X)] s'il est connu sur les ouverts $\{U_i\}$ d'un recouvrement de X. Soit $\alpha_i(x)$ une partition de l'unité avec $S(\alpha_i) \subset U_i$, $\sum \alpha_i(x) = 1$, $\alpha_i(x)$ de classe (C^{∞}) ; on a évidemment $t(\varphi) = \sum_i t(\alpha_i \varphi)$; $\alpha_i \varphi \in D(U_i)$.

Exemples. 1) Soit α une forme différentielle homogène de degré s, à coefficients continus.

$$\int \alpha \wedge \varphi = \alpha(\varphi)$$

est un courant de degré s.

On appelle dimension d'un courant homogène de degré s, dim t = m-s.

2) Soit W une sous-variété de X, orientable et régulièrement plongée dans X pour la structure de X, c'est-à-dire telle que tout point $x_0 \in W$ ait un voisinage U_i dans lequel W soit définie en annulant certaines des coordonnées locales $\xi_{s+1} = 0 \ldots \xi_m = 0$. On notera φ_i la restriction de φ à U_i exprimée au moyen des variables ξ. Alors

$$t(\varphi) = \int_W \varphi \,, \tag{4}$$

où $\varphi \in D(X)$, est un courant qu'on calculera en écrivant

$$t(\varphi) = \sum_i \int_W \alpha_i \varphi = \sum_i \int_{U_i \cap W} \bar{\alpha}_i(\xi)\, \bar{\varphi}_i(\xi) \tag{4}$$

$\sum \alpha_i(x) = s$ étant une partition de l'unité, (C^∞), subordonnée à un recouvrement $\{U_i\}$ de W par des ouverts U_i de X, et $\bar{\varphi}_i$ la restriction de $\varphi_i = \alpha_i \varphi$ à W. On remarque que (4) définit alors un courant qui a la continuité d'ordre zéro.

Le formalisme des courants combine les avantages des distributions et ceux du calcul extérieur. On définit le produit $t' = t \wedge \alpha$, d'un courant t par une forme α, (C^∞), non nécessairement à support compact, en posant

$$(5) \qquad t'(\varphi) = t(\alpha \wedge \varphi)$$

Cette opération permet d'écrire un courant t, homogène de degré s, comme une forme différentielle dont les coefficients $t_{i_1 \ldots i_s}$ sont des courants de degre zéro définis par

$$(6) \qquad t_{i_1 \ldots i_s}\left[f dx_1 \wedge \ldots \wedge dx_m\right] = t\left[f dx_{j_1} \wedge \ldots \wedge dx_{j_{m-p}}\right] \varepsilon\left[i_1 \ldots i_p, j_1, \ldots j_{m-p}\right]$$

où $\varepsilon(\ \ )$ désigne la signature de la permutation des nombres $[1, \ldots m]$ qui est mise entre parenthèses. Les $t_{i_1 \ldots i_s} = t_{(i)}$ sont des courants d'après (6) et ont la continuité d'ordre $\leq$ p si t lui-même est supposé continu d'ordre p. Alors, d'après (5) et (6) on a

$$t(\varphi) = \sum_{(i)} t_{i_1 \ldots i_s} (dx_{i_1} \wedge \ldots \wedge dx_{i_s} \wedge \varphi)$$

ce qui conduit à écrire

$$(7) \qquad t = \sum_{(i)} t_{i_1 \ldots i_s} dx_{i_1} \ldots dx_{i_s}$$

Si l'on pose $[dx] = dx_1 \wedge \ldots \wedge dx_m$, on aura encore, (i) et (j) étant complémentaires :

$$(8) \qquad t(\varphi) = \sum t_{(i)} \left[\varphi_{(j)}(dx) \right] \varepsilon(I,J)$$

$I = (c_1 .. c_s)$, $J = (j_1 .. j_{m-s})$. On écrit encore

$$t(\varphi) = \int t \wedge \varphi$$

par analogie avec le cas (exemple 1) indiqué plus haut.

Remarque. A un courant t de degré zéro est canoniquement associé une distribution T

$$(9) \qquad T(f) = t \left[f(dx) \right]$$

pour $f \in D(X)$, mais il est clair que (9) : $t \to T$ n'a de sens que par rapport au système de coordonnées locales employé sur X. On définira par contre un véritable isomorphisme canonique quand on aura précisé sur X une forme (C^∞) invariante, de degré maximum m; soit ω_m cette forme; on posera alors :

$$T(f) = t(f\,\omega_m) = \int tf\,\omega_m .$$

Il en sera ainsi en particulier quand X aura une métrique (C^∞) permettant de définir une forme "élément de volume" sur X.

Les distributions sur X portent sur des fonctions f, c'est-à-dire sur les formes de degré nul et s'identifient aux courants de degré maximum. Néammoins on dira improprement qu'un courant est une forme différentielle dont les coefficients sont des distributions (au lieu de densités-distributions). Une mesure, en particulier, est exprimée par une forme de degré maximum.

<u>Différentielle et bord d'un courant.</u> On définit le bord $b\,t$ d'un courant t par dualité à partir de la différentielle extérieure d'une forme φ :

$$b\,t\,(\varphi) = t\,(d\,\varphi)\,.$$

On notera qu'il permute avec le changement de variable puisqu'il en est ainsi de la différentielle d ; si t est homogène de degré s, $b\,t$ est homogène de degré s+1 : l'opérateur $t \rightarrow b\,t$ est un homomorphisme de l'espace vectoriel D'_s des courants de degré s dans D'_{s+1}, et n'agrandit pas le support du courant; par contre si t est continu d'ordre p, $b\,t$ est continu d'ordre $\leq$ p+1, en général.

En particulier quand t, homogène de degré s, se réduit à une forme α, (C^{∞}), (cf. l'exemple 1), on a, pour $\varphi \in D(X)$

$$b\,\alpha\,(\varphi) = \int \alpha \wedge d\varphi = (-1)^{s+1} \int d\alpha \wedge \varphi$$

c'est-à-dire $b\alpha = (-1)^{s+1}\, d\alpha$. Il est commode d'étendre la dérivation aux courants en définissant la dérivée d'un courant t par rapport à la coordonnée locale x_k :

$$\frac{\partial t}{\partial x_k}\,(\varphi) = -t\,\left(\frac{\partial \varphi}{\partial x_k}\right)$$

ce qui revient à définir $\frac{\partial t}{\partial x_k}$ comme le courant dont les coefficients dans la représentation (8) sont associés aux dérivées par rapport à x_k

des distributions associées aux coefficients de t. De même la différentielle dt sera définie par

$$dt(\varphi) = \sum_k \frac{\partial t}{\partial x_k} dx_k(\varphi) .$$

Le formalisme différentiel s'étend alors aux courants et l'on a, si t est homogène de degré s

$$dt = (-1)^{s+1}\, b\, t . \tag{10}$$

<u>Image d'un courant t par une application</u> : Soit $W \longrightarrow V$ une application f d'une variété W sur une variété V, V et W sont supposées (C^{∞}) localement compactes toutes deux. On suppose f de classe (C^{∞}) et propre; pour tout compact $K \subset V$, $f^{-1}(K)$ est compact dans W. On définit alors sur V un courant ft, image de t par f, en posant pour $\varphi \in D(V)$:

$$ft(\varphi) = t\,[f^{*}\varphi] \tag{11}$$

où $f^{*}\varphi$ résulte de φ par substitution des coordonnées locales x de W à celles x' qui expriment φ sur V, selon $x' = f(x)$. Le support de $f^{*}\varphi = f^{-1}[S(\varphi)]$ est compact et le second membre de (11) a donc un sens.

<u>Proposition 2.</u> $t \to ft$ permute avec l'opération bord.

En effet, puisque $f^{*}d = df^{*}$ pour les formes

$$b[ft](\varphi) = ft(d\varphi) = t(f^{*}d\varphi) = t\,[d(f^{*}\varphi) = f\,[b\,t(\varphi)] .$$

<u>Théorème de Stokes - de Rham</u>. La correspondance $t \to b t$ est définie comme duale de $\varphi \to d\varphi$; le théorème de Stokes donne une réalisation de bt dans des cas particuliers en supposant que t soit l'intégration sur une variété W et que la frontière topologique, notée bW satisfasse à des conditions de régularité. Alors le t se réalise comme un courant <u>continu d'ordre zéro</u>, dont le support est W^*. Indépendamment des hypothèses de régularité sur W^*, le fait que W a une structure de variété sur laquelle existe une partition (C^∞) de l'unité montre : si $t(\varphi)$ est défini par

$$t(\varphi) = \int_W \varphi \tag{12}$$

alors bt a son support $S(bt)$ qui ne contient aucun point de W. En effet $\sum \alpha_i(x) = 1$ étant une partition de l'unité, (C^∞), subordonnée aux U_i, domaines de coordonnées locales sur W, on a

$$\begin{aligned} bt(\varphi) = \int_W d\varphi = \sum_i \int \alpha_i\, d\varphi = \sum_i \int d(\alpha_i \varphi) - \\ - \sum_i \int d\alpha_i \wedge \varphi = 0 . \end{aligned} \tag{13}$$

Dans la première somme chaque terme $\int d(\alpha_i \varphi)$ est nul car $\alpha_i \varphi = 0$ sur U_i au voisinage de la frontière de U_i ; la seconde somme est nulle car $\sum \alpha_i(x) = 1$ donne

$$\sum d\alpha_i = 0 .$$

Ainsi $S(bt) \cap W = \emptyset$.

En dehors de cette remarque, il est évident que l'on ne pourra établir un rapport entre l'opération topologique $W \longrightarrow W^*$ et l'opération $t \longrightarrow bt$, définie comme duale d'une différentiation que dans des cas très spéciaux.

Le théorème de Stokes élémentaire, pour un pavé P de l'espace euclidien R^m définit précisément bt comme l'opérateur d'intégration de φ sur la somme des faces frontières de P, convenablement orientées; on passe ensuite sans difficulté à l'image $P' = f(P)$ par une application f, (C^∞), de P, f étant définie sur $\overline{P}$, puis à une réunion de P'_i, images (C^∞), de P_i qui sont des pavés de R^m : si t est l'intégration sur $W = \bigcup P'_i$, on a défini sur W^* par l'application f, un courant qui est le bord du courant t défini par (12).

Régularisation d'un courant ou d'une distribution dans R^m. Nous utiliserons systématiquement des approximations de la mesure de Dirac (mesure +1 à l'origine) données par une mesure de densité $\alpha_\rho(x_1 \dots x_m)$: $\alpha_1(x)$ est une fonction C^∞ sur R^m, de support la boule $\|x\| \leq 1$, ne dépend que de la distance $\|x\|$ et vérifie :

$$\alpha_1(x) \geq 0, \qquad \int \alpha_1(x)\, d\tau = 1$$

où $d\tau$ est l'élément de volume $dx_1 \dots dx_m$ de R^m, et l'on pose :

$$\alpha_\rho(x_1 \dots x_m) = \alpha_1\left(\frac{x_1}{\rho}, \dots \frac{x_m}{\rho}\right) \frac{1}{\rho^m}$$

de sorte que le support de α_ρ est la boule $\|x\| < \rho$, et qu'on a $\int \alpha_\rho(x)\, d\tau = 1$.

Ces conditions entrainent que la mesure

$$a_{\varrho}(\varphi) = \int \alpha_{\varrho}(x)\ \varphi(x)d\tau_x$$

converge vers $\delta[\varphi] = \varphi(0)$ quand $\varrho \to 0$. Le produit de convolution T_{ϱ} d'une distribution donnée T par la mesure a_{ϱ} est defini par

$$T_{\varrho}(\varphi) = [T * a_{\varrho}](\varphi) = [T(u) * a_{\varrho}(v)]\ \varphi(u+v)$$

qui a un sens, a_{ϱ} étant à support compact. On a encore :

$$(14) \qquad T_{\varrho}(\varphi) = T_u\left[\int \alpha_{\varrho}(v)\varphi(u+v)d\tau(v)\right]$$

Or le crochet tend vers φ dans D(G) si φ est une fonction de D(G) : on a donc $\lim_{\varrho=0} T_{\varrho}(\varphi) = T(\varphi)$. D'autre part on a

$$[T * a_{\varrho}](\varphi) = \int T_u\left[\alpha_{\varrho}(\omega - u)\right]\varphi(\omega)d\tau(\omega)$$

en posant $\omega = u+v$, et

$$T_{\varrho} = T_u\left[\alpha_{\varrho}(\omega - u)\right]$$

est une fonction (C^{∞}) dont le support $S\left[T_{\varrho}\right]$ a ses points à distance ϱ au plus de S(T). Ainsi :

Une distribution T peut être approchée par des mesures à densité C^{∞}, dont le support est arbitrairement voisin du support de T.

Les distributions T_{ϱ} seront dites régularisées de T par les noyaux α_{ϱ}. En procédant selon la même méthode pour un courant t,

$$t = \sum_{(i)} t_{i_1 \dots i_s} dx_{i_1} \wedge \dots \wedge dx_{i_s}$$

On appellera régularisé de t par le noyau α_ϱ le courant $t' = \sum_{(i)} t^{\varrho}_{i_1 \dots i_s} dx_{i_1} \wedge \dots \wedge dx_{i_s}$ où $t^{\varrho}_{i_1 \dots i_s}$ est la fonction (C^∞) donnée par

$$t^{\varrho}_{i_1 \dots i_s}(x) = \int t_{i_1 \dots i_s}(u)\, \alpha_\varrho(x-u) d\tau(u) = T^{(u)}_{i_1 \dots i_s}\left[\alpha_\varrho(x-u)\right]$$

Si B est un ensemble borné de formes φ dans D défini par

$$S(\varphi) \subset K, \qquad \left| D^{(\alpha)} \varphi_{(j)} \right| \leq M_{(\alpha)(j)}$$

et si B est un ensemble borné de courants, c'est-à-dire borné sur tout ensemble borné de D, l'approximation

$$t^{\varrho}(\varphi) \rightarrow t(\varphi) \qquad \text{pour } \varrho \rightarrow 0$$

est uniforme pour $t \in B$ et $\varphi \in B$: la propriété est en effet immédiate pour les distributions et résulte de (14).

Courants fermés et homologues à zéro. Un courant t est dit fermé si l'on a

$$\flat t = 0 .$$

Les courants fermés forment en sous espace vectoriel de $D'(X)$. Un courant t est dit homologue à zéro sur X, ou exact, s'il existe un courant t' tel qu'on ait

$$b t' = t$$

On a alors $b t(\varphi) = t(d\varphi) = t'(d\varphi) = t'(dd\varphi) = 0$. Les courants homologues à zéro sont fermés.

2. Prolongement d'un courant continu d'ordre zéro - Complément au théorème de Stokes - de Rham.

Soit X une variété à structure réelle différentiable (C^p) ($p \geq 1$), de dimension m; on considère un courant t défini sur un ouvert $\Omega \subset X$.

Définition. Un courant $\tilde{t}(\varphi)$ défini sur X, [c'est-à-dire sur les $\varphi \in D(X)$] sera dit un prolongement de t si $\tilde{t}(\varphi) = t(\varphi)$ sur les formes $\varphi \in D(\Omega)$.

Nous supposerons ici t continu d'ordre zéro, donc défini sur l'espace $D^{\circ}(\Omega)$ des formes φ à coefficients continus, à support compact dans Ω. Soit G un ouvert de X, non nécessairement continu dans Ω : nous définirons la norme $\| t \|_G$ de t dans G par

$$(15) \qquad \| t \|_G = \sup_{\varphi} | t(\varphi) |$$

sur les formes $\varphi \in D(\Omega \cap G)$ pour lesquelles on a $\| \varphi \| = \sup | \varphi_{(i)}(x) | \leq 1$. On désigne par D'^{0} l'espace des courants continus d'ordre nul.

Problème. On cherche des conditions pour que 1) $t \in D'^{0}(\Omega)$ ait un prolongement $\tilde{t} \in D'^{0}(X)$ - 2) t étant de plus supposé fermé, il existe un prolongement $\tilde{t}$ fermé.

Les conditions obtenues concerneront la norme de t au voisinage d'un point x ou d'un compact de la frontière E^* de Ω relativement à X et sont évidemment des conditions locales au voisinage de $x \in E^*$. On posera $E = X - \Omega$.

Proposition 3. Pour que $t \in D'^{0}(\Omega)$ ait un prolongement $\tilde{t} \in D'^{0}(X)$, il faut et il suffit que $\|t\|_G$ soit fini pour tout domaine G d'adhérence compacte sur X.

On notera que, d'après (15) la norme $\|t\|_G$ est calculée sur des formes φ dont le support est quelconque dans $\Omega \cap G$, donc arbitrairement proche de E^*, quand G contient un compact de E^*.

La condition nécessaire est évidente, car si $\tilde{t} \in D'^{0}(X)$ prolonge t, on a

$$\tilde{t}(\varphi) = t(\varphi) \qquad \text{pour } \varphi \in D(\Omega \cap G)$$

ce qui entraine

$$\|t\|_G \leq \|\tilde{t}\|_G$$

Pour la réciproque, on peut faire appel au théorème de Halen-Banach, en remarquant que, précisément, cette condition exprime que t est borné sur le sous-espace $D(\Omega \cap G) \subset D(G)$, avec la topologie de D(G).

Il est toutefois utile d'obtenir plus qu'un théorème d'existence : on construira un prolongement particulier, appelé extension simple de t, qui sera nul sur le complémentaire de Ω et caractérisé par le fait qu'il n'augmente pas la norme du courant. On peut, pour expliciter la construction de ce prolongement $\tilde{t}_0$, se placer sur un domaine G relativement compact sur X, contenant des points frontières de Ω ; on procédera à partir d'une partition de l'unité $\sum \beta_i(x) = 1$, (C^∞), subordonnée à un recouvrement de $G \cap \Omega$ par des ouverts U_i d'adhérence compacte dans Ω . Soit à définir l'extension $\tilde{t}_0$ de t sur une forme $\varphi \in D(G)$ à support compact $S(\varphi) \subset G$. On considérera :

$$\psi_N = \sum_1^N \varphi \beta_j$$

ψ_N a un support compact dans $\Omega \cap G$, de sorte que t est défini sur ψ

$$t(\psi_N) = \sum_1^N t(\varphi \beta_j)$$

est défini pour tout N. La série

$$\sum_1^\infty t(\varphi \beta_j) \tag{16}$$

converge. En effet, en supposant d'abord $t(\varphi)$ à valeurs réelles, si S'_N est la somme des termes d'indices $j' \leq N$ qui sont positifs dans (16), S''_N étant la somme des termes négatifs, on a

$$0 \leq S'_N = t\left(\sum_{j'} \varphi \beta_{j'}\right) \leq \|t\|_G \|\varphi\|$$

$$0 \leq -S''_N = -t\left(\sum_{j''} \varphi \beta_{j''}\right) \leq \|t\|_G \|\varphi\|$$

et l'on rappelle que la norme $\|t\|_G$ est calculée sur les $\varphi \in D(\Omega \cap G)$.
On a alors :

(17) $$\sum_1^\infty |t(\varphi\beta_j)| \leq 2\|t\|_G \cdot \|\varphi\|$$

qui établit la convergence de (17); si $t(\varphi)$ est à valeurs complexes, on a

$$t(\varphi) = t_1(\varphi) + it_2(\varphi)$$

où $\|t_1\|_G \leq \|t\|_G$, $\|t_2\|_G \leq \|t\|_G$, et la convergence de (17) résulte de la convergence pour t_1 et t_2. On posera alors pour $\varphi \in D(G)$:

(18) $$\tilde{t}_0(\varphi) = \sum_1^\infty t(\varphi\beta_j)$$

Le premier membre ne depend pas de la partition de l'unité choisie, car si l'on opère à partir d'une partition $\sum \gamma_s(x) = 1$, $\delta_{js}(x) = \beta_j(x)\gamma_s(x)$ est une partition de l'unité, et l'on a

$$\sum_j t(\varphi\beta_j) = \sum_{j,s} t(\varphi\beta_j\gamma_s) = \sum t(\varphi\gamma_s).$$

Donnons des propriétés de l'opérateur $\tilde{t}_0(\varphi)$ défini par (18)

1) $\tilde{t}_0(\varphi)$ est un courant continu d'ordre nul sur X : en effet $\tilde{t}_0$ est défini sur D(X), linéaire et l'on a

(19) $$|\tilde{t}_0(\varphi)| = \lim \left|\sum_1^N t(\varphi\beta_j)\right| \leq \|t\|_G \cdot \|\varphi\|$$

où G est un domaine de X, d'adhérence compacte contenant le support $S(\varphi)$

2) $\tilde{t}_0$ prolonge t car pour $\psi \in D(\Omega)$

$$\tilde{t}_0(\psi) = \sum_1^r \tilde{t}_0(\psi\beta_j) = t(\psi)$$

la somme étant finie puisque $S(\psi)$ est compact dans Ω

3) $\|\tilde{t}_0\|_G = \|t\|_G$ pour tout domaine G d'adhérence compacte sur X : c'est une conséquence de (19).

Extension simple d'un courant continu d'ordre zéro borné au voisinage de la frontière de Ω. Ce qui précède conduit à la définition suivante, visiblement indépendante du domaine G dans lequel on a opéré et de la partition de l'unité choisie :

Définition t étant borné au voisinage de tout point de la frontière E^* de Ω sur X c'est-à-dire satisfaisant à la condition

$$\|t\|_G < \infty \tag{20}$$

pour tout domaine G d'adhérence compacte, on appelle extension simple de Ω à X du courant t le courant $\tilde{t}_0 \in D'_0(X)$ défini par (19).

Remarques . 1°) Les fonctions $\alpha_N(x) = 1 - \sum_1^N \beta_j(x)$ valent 1 sur $G \cap E$ et sont décroissantes en N. Il revient au même de considérer des fonctions $\alpha_r(x)$, dépendant du paramètre $r > 0$, avec les propriétés :

1) $\alpha_r(x)$ est C^∞ en x sur X, on a $0 \leq \alpha_r(x) \leq 1$.

2) On a $\alpha_r(x) = 1$ sur un ouvert ω_r contenant E.

3) $\alpha_r(x)$ décroit quand r décroit et on a lim $\alpha_r(x) = \psi(x)$

fonction caractéristique de E.

Alors si l'on considère une suite r_n décroissante et

$$l_n(x) = \alpha_{r_n}(x) - \alpha_{r_{n+1}}(x)$$

si $b(x)$ est une fonction C^∞ valant 1 sur le support $S(\varphi)$ et à support compact on pourra choisir la partition β_j en posant

$$\beta_j(x) = b(x)\, l_j(x)$$

et l'on aura

$$\tilde{t}_0(\varphi) = \lim_N t\left[\sum_1^N \varphi\beta_j\right] = \lim_{r=0} t\left[\varphi\, b(1-\alpha_r)\right] =$$

$$= \lim_{r=0} t\left[(1-\alpha_r)\varphi\right]$$

(21) $$\tilde{t}_0 = \lim_{r=0} t(1-\alpha_r)$$

qui définit encore l'extension simple à partir d'une famille F_r de noyaux $\alpha_r(x)$ ayant les propriétés indiquées.

2) On a une propriété caractéristique de l'extension simple :

<u>Proposition 4</u>. Pour que $\tilde{t} \in D_0'(X)$ qui prolonge $t \in D_0'(\Omega)$ en soit l'extension simple, il faut et il suffit qu'on ait sur tout domaine $G \subset\subset X$:

(22) $$\|\tilde{t}\|_G = \|t\|_G$$

c'est-à-dire que $t \longrightarrow \tilde{t}$ n'augmente pas la norme.

On a établi la condition nécessaire. Pour établir la condition suffisante, soit $\tilde{t} \in D^{o}(X)$ prolongeant t et vérifiant (22) pour tout $G \subset\subset X$. On va établir que $\tilde{t}$ est bien donné par (21), donc coincidéra avec $\tilde{t}_o$: ε étant donné positif, il existe $\psi \in D(\Omega)$ telle qu'on ait $\|\psi\| \leqslant 1$ et

(23) $$t(\psi) \geqslant \|t\|_G - \varepsilon$$

Soit $\varphi \in D(X)$ et G un domaine d'adhérence compacte contenant le support $S(\varphi)$ supposé non vide. On considère une famille F_r de noyaux $\alpha_r(x)$ relative à $E_1 = \overline{G} - (\Omega \cap G)$, et on choisit $r_o > 0$ assez petit pour que le support $S(\alpha_r)$ ne coupe pas $S(\psi)$ pour $r < r_o$: ψ et $\alpha_r \varphi$ ont alors des supports disjoints. On considère pour $r < r_o$ les deux formes

$$\varphi_1 = \psi \pm \alpha_r \|\varphi\|^{-1} \varphi$$

On a $\|\varphi_1\| \leqslant 1$, $\varphi_1 \in D(X)$. Supposons de plus dans ce qui suit $t(\varphi)$ a valeurs réelles. On a

$$\tilde{t}(\varphi_1) = t(\psi) \pm \tilde{t}\left[\alpha_r \|\varphi\|^{-1} \varphi\right]$$

On choisit le signe à prendre devant le second terme de manière qu'il ait même signe que $t(\psi)$. On a alors

$$\left|\tilde{t}(\varphi_1)\right| = |t(\psi)| + \|\varphi\|^{-1} \left|\tilde{t}(\alpha_r \varphi)\right| \leqslant \|t\|_G$$

ce qui, d'après (23) donne

$$\left|\tilde{t}(\alpha_r\varphi)\right| \leq \varepsilon \, \|\varphi\|$$

et montre qu'on a

(24) $$\lim_{r=0} \tilde{t}(\alpha_r\varphi) = 0$$

On a alors

$$\tilde{t}(\varphi) = \tilde{t}\left[(1-\alpha_r)\varphi\right] + \tilde{t}(\alpha_r\varphi) = \lim_{r=0} \tilde{t}\left[(1-\alpha_r)\varphi\right]$$

$$t = \lim_{r=0} t(1-\alpha_r) = \tilde{t},$$

et montre l'unicité sous la condition de non augmentation de la norme.

Dans la suite on dira que t est borné dans Ω si la condition (20) est vérifiée.

Cas d'un courant fermé. Si l'on part de $t \in D'^{0}(\Omega)$, borné et fermé, on aura de plus $\delta t(\varphi) = t(d\varphi) = 0$ sur toute $\psi \in D(\Omega)$. Cherchons alors à quelle condition l'extension simple est un courant fermé. Soit $\varphi \in D^0(X)$, F une famille de noyaux α_r relatifs à $E = X - \Omega$. On aura, en considérant la forme différentielle $d\alpha_r \in D(\Omega)$:

$$t(d\alpha_r \wedge \varphi) = t\left[d(\alpha_r\varphi)\right] - t(\alpha_r d\varphi)$$

$$= t(d\varphi) - t\left[d\,(1-\alpha_r)\varphi\right] - t(\alpha_r\varphi)$$

Le second terme au second membre est nul car on a $(1-\alpha_r)\varphi \in D(\Omega)$. Il reste

$$t(d\alpha_r \wedge \varphi) = t(d\varphi) - t(\alpha_r d\varphi)$$

Si maintenant t est l'extension simple $\tilde{t}_0$, on a d'après (24)

$$\tilde{t}_0(d\varphi) = \lim_{r=0} t(d\alpha_r \wedge \varphi)$$

On remarquera que le courant $t \wedge d\alpha_r$ appartient à $D'^{10}(\Omega)$. On a

$$b\tilde{t}_0 = \lim_{r=0} t \wedge d\alpha_r$$

On a ainsi établi :

<u>Théorème 1.</u> Pour qu'un courant t fermé, borné, continu d'ordre zéro sur $\Omega \subset X$ ait pour extension simple à X un courant fermé, il faut et il suffit que l'on ait

$$\text{(25)} \qquad \lim_{r=0} t \wedge d\alpha_r = 0$$

pour une famille F de noyaux α_r relatives à $E = X - \Omega$.

<u>Remarques.</u> 1) Lorsque $E = X - \Omega$ a un intérieur $\mathring{E}$ non vide, on peut d'abord prolonger t à $\mathring{E}$ pour le courant nul et prolonger ensuite à E^*, frontière de Ω relativement à X : les noyaux α_r peuvent être pris relatifs à E^*.

2) Si t est l'intégration de φ sur Ω, on a ainsi un complé-

ment au théorème de Stokes donnant une condition nécessaire et suffisante pour que $b\,t = 0$.

Pour l'application à la définition du courant d'intégration sur un ensemble analytique complex (cf. chap. IV) précisons la condition (25) en faisant intervenir une majoration de $\| t \|$ au voisinage de E^*, en considérant d'abord le cas où E est un sous espace $R^s \left[x_{s+1} = \ldots = x_m = 0\right]$ de R^m. On posera $x' = (x_1, \ldots, x_s)$, $x'' = (x_{s+1}, \ldots, x_m)$, et on considérera un noyau $\alpha_1(x'')$, C^∞, $0 \leq \alpha \leq 1$, de support $\| x'' \| \leq 1$ et valant 1 sur $\| x' \| \leq \frac{1}{2}$. On pose

$$\alpha_r (x'') = \alpha\left(\frac{x''}{r}\right) .$$

Si L majore les dérivées $\left| \frac{\partial \alpha}{\partial x_k} \right|$, on aura

$$\| d\alpha_r \| \leq L r^{-1}$$

En notant $\| t \|_G^r$ la norme de t dans $\left\{ G \cap \left[\| x'' \| < r \right] \right\}$, on obtient

<u>Corollaire 1.</u> Dans le cas où $E = R^s$, $0 \leq s \leq m-1$, pour que l'extension simple $\tilde{t}_0$ soit fermé, t étant fermé et borné, il suffit qu'on ait

$$\lim_{r=0} r^{-1} \| t \|_G^r = 0 \qquad (26)$$

Toujours dans le cas $E = R^s$, on a l'énoncé

<u>Corollaire 2.</u> Pour que l'extension simple $\tilde{t}_0$ soit fermée, t étant fermé et borné, il suffit que à tout domaine G relativement compact

dans R^m, on puisse associer k(G) positif fini tel qu'on ait dans toute boule $B \subset G$

$$\| t \|_B \leqslant k(G)\, r^{\gamma} \tag{27}$$

avec $\gamma > s+1$, r étant le rayon de B.

Il suffit en effet de recouvrir R^m par un pavage dont les éléments sont des cubes de coté r, l'origine étant sommet du pavage; un domaine

$$x' \in g \qquad \| x'' \| < r$$

est recouvert par un nombre $N(r) < Ar^{-s}$ pavés; alors (27) entraine

$$\| t \|_G^r \leqslant h'(G) r^{\gamma - s}$$

et (26) montre que la condition $\gamma > s+1$ est suffisante pour que l'on ait $b\tilde{t}_0 = 0$.

Remarques. 1) L'hypothèse que X soit une variété à structure C^∞ peut être remplacée par celle que X soit à structure C^1; il suffira de remplacer D(X) par D^0 (X) et de prendre $\alpha(x)$ de classe C^1.

2) Dans le cas où $E = X - \Omega$ a une frontière E^* à chaque point de laquelle on peut associer un voisinage U_x et un homéomorphisme μ appliquant U_x sur un ouvert de R^m, avc $\mu [E^* \cap U_x] \subset R^s$, $0 \leqslant s \leqslant m-1$, l'image μt vérifiant (26) ou (27), on obtiendra par l'application μ des conditions suffisantes permettant d'affirmer que l'extension simple de t de Ω à X est encore un courant fermé.

Bibliographie

[1] L. Schwartz - Théorie des distributions, Vol. I, Hermann Paris.

[2] G. de Rham - Variétés différentiables, Hermann Paris.

[3] P. Lelong - Intégration sur un ensemble analytique complexe, Bull. Soc. Math. de France, t. 85, 1957 p. 239-362.

Chapitre II

LES FONCTIONS PLURISOUSHARMONIQUES.

1. Propriétés élémentaires.

Soit D un domaine de C^n : nous dirons qu'une fonction V, supposée de classe (C^2), est plurisousharmonique dans D si en tout point la forme hermitienne

(1) $$\sum \frac{\partial^2 V}{\partial z_p \partial \bar{z}_q} dz_p d\bar{z}_q = \bar{L}(V)$$

est semi-définie positive.

Cette condition présente une analogie avec la condition

(2) $$\sum_{p,q} \frac{\partial^2 V}{\partial x_p \partial x_q} dx_p dx_q \geqslant 0$$

qui caractérise les fonctions convexes de classe C^2 dans un R^m. Toutefois la condition (2) n'a pas une signification invariante sur une variété si les x_p sont des coordonnées locales, sauf le cas où les seuls changements de coordonnées permis sont linéaires et l'on revient alors au cas d'un espace vectoriel comme domaine de définition. Une possibilité de généralisation est donnée si l'espace de définition $Z = X \times Y$ est le produit de deux variétés, les changements de coordonnées locales étant de type

(3) $$x'_k = \Psi_k(x_1^*\ldots x_p^*) \; ; \qquad y'_j = \varphi_j(y_1^*\ldots y_q^*) \, .$$

Alors $d_x d_y V = \sum \frac{\partial^2 V}{\partial x_p \partial y_q} dx_p dy_q$ est invariant par (3) comme forme bilinéaire.

Dans le cas d'une variété W^n analytique complexe, on aura sur chaque carte des coordonnées z_k, $\bar{z}_k$ et les changements

(4) $$z'_k = \Psi_k(z_1 \ldots z_n) \qquad \bar{z}'_k = \bar{\Psi}_k(\bar{z}_1, \ldots, \bar{z}_n)$$

sont du type (3), les Ψ_k étant des fonctions holomorphes

$$L(V) = d_z d_{\bar{z}} V$$

forme bilinéaire est invariante par (4) et la condition $L(V) \geq 0$ est indépendante des coordonnées locales choisies sur W^n. On a une classe de fonctions définie sur des variétés analytiques complexes et non plus seulement sur des espaces vectoriels complexes.

Nous en donnerons maintenant plusieurs définitions équivalentes. Celle dont nous partons est différente de la définition primitivement donnée (en 1945), cf. [3d], elle est commode quand on utilise les courants et les distributions.

Définition 1. Une fonction V définie dans un domaine D de C^n sera dite plurisousharmonique si

1a) Elle est à valeurs réelles, $-\infty \leq V \leq +\infty$ et localement sommable, d'intégrale finie sur les ouverts d'adhérence compacte dans D.

1b) La distribution $T(V, \vec{\lambda})$ dépendant du vecteur $\vec{\lambda} = (\lambda_1, \ldots, \lambda_n)$

(5) $$T(V, \vec{\lambda}) = \sum_{p,q} \frac{\partial^2 V}{\partial z_p \partial \bar{z}_q} \lambda_p \bar{\lambda}_q$$

est une distribution positive (donc une mesure positive) quelque soit le vecteur $\vec{\lambda}$.

1c) En $x \in D$, appelons $V_m(x)$ la borne inférieure des ξ pour lesquels $\complement\, [\, V(y) > \xi\,]$ est de mesure nulle dans un voisinage de x. On doit avoir :

$$V(x) = V_m(x)$$

pour tout $x \in D$.

$V_m(x)$ est encore la limite de $\sup_U V(y)$, suivant une suite de voisinage U n'ayant que x comme point commun, le sup étant pris en mesure.

Si V est différentiable (C^2), la condition (5) exprime que la fonction continue $T(V, \vec{\lambda})$ est positive, ce qui équivaut à (1).

De la définition 1 résulte : la plurisousharmonicité est une propriété locale; si V est plurisousharmonique dans D_1 et D_2, V l'est dans $D_1 \cup D_2$.

Définition 1'. Une fonction V définie dans un domaine de R^m y est dite sousharmonique si elle satisfait aux propriétés 1_a, 1_c et à

1d) La distribution laplacien ΔV est positive.

Remarque. Dans C^1 les définitions 1 et 1' coincident : il y a identité entre fonctions C^1-plurisousharmoniques et fonctions R^2-sousharmoniques.

Proposition 1. Une fonction C^n plurisousharmonique est R^{2n}-sousharmonique.

En effet 1_b entraine que chacune des distributions $\frac{\partial^2 V}{\partial z_p \partial \bar{z}_q}$

soit positive et l'on a alors

$$\Delta V = 4 \sum_k \frac{\partial^2 V}{\partial z_k \partial \bar{z}_k} \geqslant 0 .$$

Plus précisément on a :

Théorème 1. Pour que V soit plurisousharmonique dans un domaine D de C^n il faut et il suffit que V soit R^{2n}-sousharmonique et le demeure au voisinage de l'origine par rapport aux variables z'_k, après toute transformation $z \longrightarrow A(z')$

$$z_k - z_k^0 = \sum a_k^j z'_j \quad , \; z^0 \in D$$

où les a_k^j sont des constantes quelconques assujetties à la condition $\| a_k^j \| = \| A \| \neq 0$.

La condition est nécessaire car le laplacien par rapport aux z' s'écrit

$$(6) \qquad \Delta V = \sum_{j,p,q} \frac{\partial^2 V}{\partial z_p \partial \bar{z}_q} a_p^j \bar{a}_q^j = \sum_j \sum_{p,q} \frac{\partial^2 V}{\partial z_p \partial \bar{z}_q} a_p^j \bar{a}_q^j =$$

$$= \sum_j T(V, \vec{a}^j) \geqslant 0$$

d'après (5), de sorte que $V'[z'] = V[A(z)]$ est R^{2n}-sousharmonique, les conditions 1a), 1c) demeurant vérifiées pour V'.

La condition est suffisante : il suffit d'établir que (6) vrai pour toute matrice A régulière entraine (5) pour tout vecteur $\vec{\lambda}$. On choisit les valeurs

$$(7)\qquad \begin{cases} a_p^1 = \lambda_p = \alpha_p^1 , & 1 \leq p \leq n. \\ a_p^j = \sigma \alpha_p^j , & j \geq 2, \quad 1 \leq p \leq n \end{cases}$$

étant un nombre variable qu'on fera tendre vers zéro et les α_p^j étant choisis de manière que la matrice carrée $\| \alpha_p^j \|$ soit régulière; il en est de même des matrices $\| a_k^j \|$ pour $\sigma \neq 0$. On écrit (6) pour les valeurs (7); ce qui donne

$$T(V, \vec{\lambda}) + |\sigma|^2 \sum_{j=2}^{n} T(V, \vec{\alpha}^j) \geq 0 .$$

Si φ est une fonction positive (C^∞) à support compact dans D, on a donc

$$T(V, \vec{\lambda})(\varphi) \geq -|\sigma|^2 \sum_{j=2}^{n} T(V, \vec{\alpha}^j)(\varphi) \geq -\varepsilon$$

pour $|\sigma| \leq \sigma_0(\varepsilon)$, ce qui établit (5) et l'énoncé.

Le théorème 1 est commode pour établir des propriétés des fonctions plurisousharmoniques à partir de propriétés connues des fonctions R^{2n}-sousharmoniques.

<u>Propriétés des fonctions de classe (C^2)</u>. 1) Si l'on considère dans D une application analytique :

$$z_k = \psi_k(t_1, \ldots, t_p)$$

les ψ_k étant holomorphes, $L(V) = d_z d_{\bar{z}} V = d_t d_{\bar{t}} V \geqslant 0$ montre que l'image de V dans C^p est plurisousharmonique. La trace de V sur une variété analytiquement plongée ($p < n$) est plurisousharmonique, et en particulier sur une droite complexe,

$$z_k = z_k^o + a_k t$$

est une fonction R^2-sousharmonique.

2) Si l'on considère V sousharmonique de classe (C^2), le théorème de Stokes donne :

$$\int_B \Delta V d\tau = \int_{FB} \frac{\partial V}{\partial n} d\sigma = \int \frac{\partial V}{\partial r} (x^o + r\vec{\alpha}) r^{2n-1} d\omega_{2n-1}(\alpha)$$

où $d\tau$ est l'élément de volume, B une boule de rayon r, et $\vec{\alpha}$ un vecteur unitaire. En appelant $l(V, x^o, r)$ la moyenne de V sur la sphère $|x - x^o| = r$, et posant :

$$\begin{cases} h_m(r) = -r^{2-m} & m > 2 \\ h_2(r) = +\log r & m = 2 \end{cases}$$

pour la fonction de la distance qui est le noyau du potential newtonien dans R^m :

$$(m-2) \int_B \Delta u d\tau = \frac{\partial l(V, x^o, r)}{\partial h(r)} \geqslant 0$$

(on remplace m-2 par 1 si m=2). On en déduit, pour une fonction V de classe (C^2) et pour des boules ou des polycercles contenus dans le domaine de définition :

Proposition 2. a) pour une fonction R^m-sousharmonique $l(V, x^o, r)$ est croissante et convexe de $h_m(r)$.

b) pour une fonction plurisousharmonique, la moyenne sur l'arète d'un polycercle $z_k - z_k^o = r_k e^{i\theta_k}$

$$l(V, z^o, r_1 \ldots r_n) = \frac{1}{(2\pi)^n} \int \ldots\ldots V(z_1 + r_1 e^{i\theta_1}, \ldots, z_n + r_n e^{i\theta_n}) d\theta_1 \ldots d\theta_n$$

est croissante, convexe des variables $u_k = \log r_k$.

La démonstration se fait en remarquant que si on lasse $z_1 \ldots z_{n-1}$ constants, V est une fonction R^2 sousharmonique de z_n dont la moyenne sur un cercle est convexe de u_n.

c) La moyenne sur le polycercle lui-même soit $A(V, z^o, r_1 \ldots r_n)$ possède la même propriété.

d) La moyenne sphérique $l(V, z^o, r)$ d'une fonction plurisousharmonique sur la sphère $\| z - z^o \| = r$ est fonction croissante, convexe de log r. Elle s'obtient en effet à partir des moyennes $l(V, z^o, rr_1, \ldots, rr_n)$ par $\sum r_k^2 = 1$.

De là résulte :

Théorème 2 : Une fonction sousharmonique (respectivement plurisousharmonique) est limite d'une suite décroissante de fonctions de même nature, de classe (C^2).

En effet si V est plurisousharmonique, le produit de convolution avec la famille de noyau régularisant α_ρ définie par homothétie au Chapitre I donne

$$V_\rho = V * \alpha_\rho$$

de classe (C^∞) ; de plus $\alpha_\rho(t)$ ne dépendant que de $\| t \| = u$, on a :

$$(8) \quad \begin{aligned} V_\rho(x) &= \int V(x+t\vec{\alpha})\, \alpha_\rho(t)\; t^{m-1}\, dt\, d\omega(\vec{\alpha}) \\ V_\rho(x) &= \omega_{m-1} \int_0^1 l(V, x, \rho u)\, \alpha(u)\, u^{m-1}\, du \end{aligned}$$

qui montre que $V_\rho(x)$ est fonction décroissante de ρ si $V(x)$ est une fonction dérivable.

Cette propriété s'étend au cas d'une fonction R^m-sousharmonique non dérivable, car pour $r > 0$, $\rho > 0$, on a

$$V_{r,\rho} = V * \alpha_r * \alpha_\rho = V * \alpha_\rho * \alpha_r = V_{\rho, r}$$

$$\lim_{r=0} V_{r,\rho} = V_\rho$$

qui montre que $V_{r,\rho} = V_r * \alpha_\rho$ étant fonction croissante de ρ, il en est de même de V_ρ.

Ceci posé, montrons

$$V = \lim_{\rho=0} V.$$

Tout d'abord $V^* = \lim_{\rho=0} V_\rho$ existe et est une fonction semi-continue supérieurement. En effet, $\varepsilon > 0$ étant donné, pour ρ suffisamment petit on a en un point x :

$$V^*_{(x)} \leq V_\rho(x) \leq V_m(x) + \varepsilon$$

ce qui donne, d'après 1_c :

(9) $$V^*_{(x)} \leq V_m(x) \ = V(x) .$$

De plus on a $V(x) = \lim_{\rho=0} V_\rho(x)$ en tout point x où la moyenne $A(V, x, \rho)$ sur la boule $\|x'-x\| = \rho$ tend vers V(x), c'est-à-dire presque partout d'après le théorème de Lebesgue. Par une intégration pour partie, (8) s'écrit en effet

$$V_\rho(x) = \tau_m \int_0^1 A(V, x, \rho u)\, u^m \left(-\frac{d\alpha}{du}\right) du$$

(on désigne par τ_m, ω_{m-1} les mesures de la boule et de la sphère unité dans R^m).

On a donc $V = V^*$ presque partout, et en prenant en chaque point le maximum en mesure et observant que V^* est semi-continue supérieurement, on obtient pour tout x :

(10) $$V(x) = V_m(x) \leq V^*(x)$$

Alors (9) et (10) établissent pour tout x :

(11) $$V(x) = V^{*}(x) = \lim V_{\varrho}(x)$$

Remarque : On a établi aussi

(12) $$V(x) = \lim_{\varrho = 0} A\left[V, x, \varrho\right]$$

en tout point x.

On retrouve alors les définitions bien connues :

Théorème 3. Pour qu'une fonction V(z) soit plurisousharmonique dans D, il faut et il suffit qu'elle y possède les propriétés suivantes

2a) On a $-\infty \leq V < +\infty$ en tout point; $V \not\equiv -\infty$ dans D

2b) V est semi-continue supérieurement

2c) La restriction de V à une droite complexe L^1

$$z_k = z_k^0 + a_k u$$

est localement la constante $-\infty$, ou une fonction sousharmonique dans le plan L^1 de la variable u.

Remarque. Précisons 2c) : $D \cap L^1$ est la somme d'ouverts connexes d_i et l'on exige que $v_i(u)$, restriction de V à d_i soit R^2-sousharmonique dans d_i - ou, sinon, la constante $-\infty$. On notera la possibilité de construire le domaine d'holomorphie D d'une fonction f, et L^1 de manière de $L^1 \cap D$ comporte des d_k dans lesquels on a $f_k \equiv 0$ pour certains k, $f_j \not\equiv 0$ pour d'autres, f_j étant la restriction à d_j de f : $V = \log |f_j|$ est plurisousharmonique dans d_j.

En ce qui concerne le cas sousharmonique, on a

Théorème 3'. Pour qu'une fonction V(x) soit R^m-sousharmonique dans $D \subset R^m$, il faut et il suffit qu'elle soit semi-continue supérieurement, vérifie

$$V(x) < A\,[V, x, \varrho] \tag{13}$$

On exclut la constante $-\infty$.

Démonstration de 3 et 3' : Pour 3', on a vu que la définition 1' entrainait la semi-continuité supérieure et aussi $V \not\equiv -\infty$. D'autre part pour les fonctions de classe (C^2), on a vu que $A\,[V, x, \varrho]$ est croissant; alors $V(x) = \lim_{r=0} V_r$ entraine que $A\,[V, x, \varrho] = = \lim_{r=0} [A, V_r, \varrho]$ soit croissant de ϱ ; enfin la Remarque précédente entraine (12). En sens inverse, il est classique que les hypothèses 3' entrainent que $A\,[V, x, \varrho]$ ait une valeur finie pour tout $\varrho > 0$, ce qui équivaut à 1_a; de plus (12) et la semi-continuité supérieure entrainent $V(x) = V_m(x)$, c'est-à-dire 1_c en tout point; enfin (12) entraine la croissance pour les fonctions de classe (C^2) des moyennes $l(V, x, \varrho)$, $A(V, x, \varrho)$, car elle entraine $\Delta V \geqslant 0$; la croissance de $A(V, x, \varrho)$ et la semi-continuité entrainent (12). Dans ces conditions $V_\varrho = V * \alpha_\varrho$ tend en décroissant vers V quand $\varrho \to 0$ et pour la distribution ΔV on a $\Delta V = \lim \Delta V_\varrho \geqslant 0$, ce qui établit 1_c.

On notera en passant que 3' entraine : une suite décroissante de fonctions R^m-sousharmoniques dans un domaine a pour limite soit une fonction sousharmonique, soit la constante $-\infty$.

Pour 3 : La définition 1 entraine 1', donc, ainsi qu'on vient de le voir, 2_a, et 2_b; si l'on considère les restrictions à L^1, ce sont des fonctions R^2-sousharmoniques si V est plurisousharmonique dérivable; donc (11) entraine 2_c sur chaque d_k, puisque $V * \alpha_\varrho = V_\varrho$ est plurisousharmonique, dérivable et croissant en ϱ.

En sens inverse : 2_c entraine que l'on ait

$$V(z) \leq l(V, z, r_k)$$

le second membre désignant la moyenne de V sur l'arête du polycercle $|z'_k - z_k| = r_k$; 2_c entraine d'autre part qu'elle soit fonction croissante des r_k; il en résulte pour la moyenne sphérique sur $\|z' - z\| = r$

$$V(z) \leq l(V, z, r)$$

qui entraine les hypothèses $3'$; V est R^{2n}-sousharmonique, et les conditions du théorème étant invariantes dans les conditions énoncées au théorème 1, l'application de celui-ci achève la démonstration des théorèmes 3 et $3'$.

Remarques : 1) Il est aisé de voir que dans la définition 1, si l'on veut obtenir la classe des fonctions plurisousharmoniques (avec les propriétés indiquées au théorème 3), on ne peut remplacer 1_c ni par la semi-continuité supérieure (2_b) ni par la semi-continuité supérieure dite faible qu'on énoncera :

$2'_b$: il existe pour tout ε, et tout x un voisinage U_x, tel qu'on ait $V(z') < V(z) + \varepsilon$ presque partout pour $z' \in U_z$.

En effet soit $E \subset D$ un ensemble parfait de R^{2n}-mesure nulle, et V(z) une fonction plurisousharmonique. Soit $V'(z) = V(z)$ si $z \in D-E$, $V'(z) = V(z) + 1$ si $z \in E$. Il est clair que V' satisfait 1_a, 1_b, et les deux conditions 2_b, $2'_b$ sans être une fonction plurisousharmonique (en particulier (11) n'est pas vérifié).

Les énoncés 3 et 3' énoncent que : dans la classe des fonctions V' presque partout égales à une fonction V localement sommable, la condition 1c) jointe à $\Delta V \geqslant 0$ (au sens des distributions) détermine une fonction de la classe qui est semi-continue supérieurement.

2) D'après le théorème 2, les propriétés des moyennes énoncées d'abord pour les fonctions dérivables, valent sans cette restriction. En particulier (cf. [3_d]) la semi-continuité supérieure pour $V \not\equiv -\infty$, et la propriété de la moyenne sur l'arête d'un polycercle Π, de centre z^o, de rayons $r_k > 0$,

$$V(z^o) \leq l(V, z^o, \Pi)$$

si elle est vrai pour tout Π, de centre z^o, défini par rapport à des axes orthonormés quelconques, entraine que V soit plurisousharmonique.

3) La limite d'une famille décroissante de fonctions plurisousharmoniques est de même nature ou la constante $-\infty$; cela résulte du théorème 3.

4) Si V(x,t) est une famille sousharmonique (respectivement plurisousharmonique), ν sommable en t, ν étant une mesure positive finie, et si l'on a $|V(x,t)| < \varphi(x)$, φ sommable localement,

$$W(x) = \int V(x,t)\, d\nu(t)$$

est encore semi-continue supérieurement et, par suite, sousharmonique (plurisousharmonique).

Démonstration en considérant les moyennes sphériques

$$A\left[V(x,t), x, r\right] = V^r(x,t)$$

Elles forment une famille également continue en x; $V^r(x,t) \rightarrow V(x,t)$, en décroissant quand $\varrho \rightarrow 0$. On a donc

$$W(x) = \lim_{r=0} \int V^r(x,t)\, d\nu(t)$$

l'intégrale est continue en x; W(x) est donc semi continue et vérifie (13). Dans le cas plurisousharmonique, on utilise le théorème 1 pour établir que l'intégrale est plurisousharmonique.

5) De la Remarque 4 on déduit une démonstration simple de l'énoncé suivant :

Théorème 4. Dans l'énoncé du théorème 3, 2b) peut être remplacé par

2d) $V(z_1, \ldots, z_n)$ bornée supérieurement sur tout compact.

Pour l'établir on posera :

Définition 2. Une fonction $V(x,y) = V(x_1, \ldots, x_p, y_1, \ldots, y_q)$ sera dite doublement sousharmonique ou de classe S_{xy} dans un domaine $D = D' \times D''$, $D' \subset R^p$, $D'' \subset R^q$, si elle vérifie 2_d, est à valeurs réelles $-\infty \leq V < +\infty$, $V \not\equiv -\infty$, et quand on fixe l'un des groupes de variables, est localement fonction sousharmonique ou la constant $-\infty$ par rapport à l'autre (cette classe S_{xy} est définie dans [3 g] et [1]).

On a

Proposition 3. Si V est doublement sousharmonique (au sens de la définition 2), V est semi-continue supérieurement.

Soient $\alpha_r(x_1, \ldots, x_p)$, $\beta_t(y_1, \ldots, y_q)$ deux approximations, (C^∞) des mesures de Dirac, +1 à l'origine, dans $R^p(x)$, $R^q(y)$ respectivement. Alors si $V_A = \sup(V, -A)$, $V_A * \alpha_r$, où la convolution est faite à y constant, est (C^∞) de x, et est sousharmonique de y d'après la Remarque 4 . Formons

$$V_A * \alpha_r * \beta_t \quad .$$

Elle est fonction (C^∞) de (x,y); elle tend en décroissant vers V_A quand $r \to 0$, $t \to 0$. Donc V_A est semi-continue supérieurement et il en est de même de $V = \lim V_A$, quand $A \to +\infty$.

On en déduit le théorème 4, par récurrence : s'il est vrai pour n-1, on pose $x = (z_1, \ldots, z_{n-1})$, $y = (z_n)$ et on applique la Proposition 3.

Exemples - Fonctions plurisousharmoniques particulières :

1°) Si $f(z_1, \ldots, z_n)$ est holomorphe dans D, $a > 0$, $a \log |f|$ est plurisousharmonique dans D.

2°) Les fonctions plurisousharmoniques de C^1 sont les fonctions R^2-sousharmoniques.

3°) Les fonctions plurisousharmoniques V qui ne dépendent que des $x_k = Rz_k$ sont les fonctions convexes de l'ensemble des (x_k). On a l'énoncé plus précis.

Proposition 4. Si $V(x, x')$ est plurisousharmonique dans un domaine $D = [x \in d, \ |x'| < a]$, et si $V(x,x') \leq V(x)$ alors V(x) est fonction convexe de x.

Démonstration : si V est dérivable, on a $\frac{\partial V}{\partial x'_k} = 0$ pour $x' = 0$, $\frac{\partial^2 V}{\partial x'_k \partial x_j} = \frac{\partial^2 V}{\partial x'_k \partial x'_j} = 0$ pour $x = 0$. Alors pour $dz_k = dx_k = d\bar{z}_k$,

L(V) se réduit à

$$L(V) = \frac{1}{4} \frac{\partial^2 V}{\partial x_p \partial x_q} dx_p\, dx_q \geqslant 0$$

sur $x' = 0$.

Si V est dans D indépendant de x', on considère, comme précédemment $V_\varrho = V * \alpha_\varrho$, sur un compact $K \subset D$; c'est une fonction dérivable, indépendante de x', donc $V_\varrho(x)$ est une fonction convexe et $V(x) = \lim\limits_{\varrho=0} V_\varrho(x)$ l'est aussi.

On passe au cas général en considérant le pavé P : $|x| \leq \lambda$, $|x'| \leq \lambda$, $\lambda < a$, et $W_\lambda(x,x') = \sup V(x+y, x'+y')$ pour $(y,y') \in P$, W_λ est plurisousharmonique, indépendante de x' pour $|x'| < a - \lambda$, $x \in d_\lambda$, donc convexe de x ; $V = \lim\limits_{\lambda=0} W_\lambda$ est donc convexe de x.

<u>Proposition 5.</u> Si $V(z_1,\dots,z_n)$ est plurisousharmonique et $z_k = \Psi_k(t_1,\dots,t_q)$ une application holomorphe $W(t) = V[z(t)]$ est plurisousharmonique ou $-\infty$. En particulier si M est une sous variété analytique de C^n, la restriction de V à M est plurisousharmonique ou la constante $-\infty$.

Démonstration évidente; si V est (C^∞) on a $L_t(W) = L_z(V)$; on passe ensuite à la limite d'une suite décroissante $V_n \searrow V$, V_n étant (C^∞).

4°) $|z|^2 = \sum_1^n z_i \bar{z}_i$ est plurisousharmonique dans C^n.

5°) $U = \log |z|^2 = \log \sum_1^n z_i \bar{z}_i$ est plurisousharmonique : on peut remarquer que $U = \sup_{\vec{\alpha}} \log \left|\sum \alpha_k z_k\right|$ pour $|\vec{\alpha}| = 1$.

6°) Si $V(z_1,\ldots,z_p)$ est plurisousharmonique dans $C^p \subset C^n$, $n > p$, V l'est aussi dans C^n.

7°) Si des $F_i(z_1,\ldots,z_n)$ sont holomorphes dans $D \subset C^n$, $1 \leq i \leq N$, $\sum F_i\bar{F}_i$ et $\log \sum F_i\bar{F}_i$ sont plurisousharmoniques dans D. Résulte de 4°, 5° et de la Proposition 5.

2. Les familles bornées supérieurement localement.

Nous appellerons famille F une famille bornée supérieurement sur tout compact. Les familles F de fonctions plurisousharmoniques possèdent des propriétés simples bien connues. Remarquons d'abord que si V_1 et V_2 sont plurisousharmoniques, il en est de même de $\sup(V_1, V_2)$, et de $aV_1 + b\,V_2$, $a > 0$, $b > 0$.

Dès lors la recherche de $\sup V_n$, $V_n \in F$ dans un domaine D, se ramène à celle de la limite d'une suite croissante F!.

Dans le cas sousharmonique cette limite n'est une fonction sousharmonique que si elle est semi-continue. Toutefois on a :

<u>Théorème 5</u>. Si V_t est une famille F de fonctions sousharmoniques (respectivement plurisousharmoniques), $W = \sup V_t$ a pour plus petite majorante semi continue supérieurement une fonction W^* qui est sousharmonique (respectivement plurisousharmonique).

<u>Définition</u> : On appellera régularisée supérieure (notée W^*) la plus petite majorante semi-continue supérieurement d'une fonction W.

La démonstration directe du théorème 5 sans passer par la représentation potentielle, à partir des propriétés des moyennes est classique (cf. T. Rado: Subharmonic functions, Erg. der Math. 5, n. 1, 1937) dans le cas sousharmonique. Dans le cas plurisousharmonique (cf. [4]), on remarque alors que le passage à la limite et la régularisation $W \longrightarrow W^*$ permutent avec les changements linéaires de variables utilisés au théorème 1 : celui-ci permet donc d'affirmer que si V_t est plurisousharmonique, W^* l'est aussi.

On peut d'ailleurs se ramener au cas d'une <u>suite</u> V_n d'après un lemme de Choquet (cf. [2]) :

<u>Lemme</u> : Soit E un espace topologique, ayant une base dénombrable d'ouverts, f_I, $i \in I$ une famille de fonctions à valeurs réelles sur E. Il existe une sous-famille dénombrable $I_0 \subset I$, telle que si g(x) est semi continue inférieurement et vérifie

$$g(x) \leqslant f_{I_0}(x) = \inf. f_i(x), \qquad i \in I_0$$

on ait aussi

$$g(x) \leqslant f_I(x) = \inf. f_i(x) \qquad i \in I$$

<u>Démonstration</u> : Au besoin en posant $f_i = \dfrac{f_i}{1+f_i}$, on peut supposer $-1 \leqslant f \leqslant +1$. On utilise une suite $\omega_1, \ldots, \omega_p, \ldots$ d'ouverts de E formant une base des ouverts sur E, chaque ω_k étant répété dans la suite une infinité de fois. Alors pour chaque n, il existe $i_n \subset I$, satisfaisant

$$(14) \qquad \inf_n f_{i_n}(y) - \inf_n f_I(y) < \frac{1}{n}.$$

On posera $\{i_n\} = I_0$, en montrant que pour g(x) semi continue, $g \leqslant f_{i_n}$, pour tout i_x, entraine $g \leqslant f_I$. La semi-continuité de g entraine que pour tout $x \in E$, et $\varepsilon > 0$, il existe un voisinage U_x tel qu'on ait

$$g(y) > g(x) - \frac{\varepsilon}{2}, \qquad y \in U_x$$

donc un $\omega_p \subset U_x$, avec $\frac{1}{p} < \frac{\varepsilon}{2}$ où l'on a

$$\inf_{\omega_p} g(y) \geqslant g(x) - \frac{\varepsilon}{2}$$

$$g(x) - \inf_{y \in \omega_p} g(y) \leqslant \frac{\varepsilon}{2} \tag{15}$$

D'autre part on a :

$$\inf_{y \in \omega_p} g(y) - \inf_{y \in \omega_p} f_{i_p}(y) \leqslant 0 \tag{16}$$

En prenant dans (11) la valeur $x = p$, on a, les inf étant pris dans ω_p :

$$\inf f_{i_p}(y) - \inf f_I(x) < \frac{1}{p} < \frac{\varepsilon}{2} \tag{17}$$

et en additionnant (17), (16), (15)

$$g(x) - \inf_{\omega_p} f_I(y) \leqslant \varepsilon$$

donc

$$g(x) \leqslant f_I(x).$$

Conséquences . Si $W = \sup_t V_t$, $V_t \in F$, pour la recherche de $W^* = \text{reg. sup } W$, on pourra extraire $V_n \in F$, poser $W_1 = \sup V_n$. On a alors :

$$(18) \qquad W_1 \leqslant W \quad \text{et} \quad W_1^* = W^*,$$

donc

$$W_1 \leqslant W \leqslant W_1^* = W^*$$

et

$$\mathcal{E}(W < W^x) \subset \mathcal{E}(W_1 \subset W_1^* = W^*).$$

Etude des suites croissantes - Cas sousharmonique. Soit $V_p \in F(D)$, $\lim V_p = W \leqslant W^*$. On voit que la mesure $\mu_p(\varphi) = \int \Delta V_p \varphi \, d\tau = \Delta V_p(\varphi)$ au sens des distributions converge vaguement car si $\varphi \in \mathcal{D}(D)$, on a

$$\lim \mu_p(\varphi) = \lim \int \Delta V_p \varphi \, d\tau = \lim \int V_p \Delta\varphi \, d\tau = \int W \Delta\varphi \, d\tau$$

Or W est mesurable; si l'on pose $\mu(\varphi) = \int \Delta W \varphi \, d\tau$, $\mu_p \to \mu$ sur les $\varphi \in \mathcal{D}(D)$ et par suite sur les $\varphi \in \mathcal{D}^0(D)$; donc la mesure positive tend vaguement vers mesure positive μ.

Si sur un compact $D_1 \subset\subset D$, à frontière régulière, on opère la décomposition de Riesz, par les fonctions sousharmoniques V_p :

$$V_p(x) = H_p(x) - \int d\mu_p(a)\, g(a, x)$$

où g est la fonction de Green, les fonctions harmoniques H_p convergent vers une fonction harmonique H(x), uniformément sur tout compact de D_1, et l'on a d'autre part, d'après la semi-continuité du noyau g :

$$\lim\inf_{p=\infty} \int d\mu_p(a)\, g(a, x) \geqslant \int d\mu(a)\, g(a, x)$$

Si l'on pose $W_1(x) = H(x) - \int d\mu(a)\, g(a, x)$, il vient

$$\lim V_p(x) = W(x) \leqslant W_1(x)$$

D'autre part,

Proposition 6. L'ensemble $\mathcal{E}(W < W^*)$ ne peut contenir un compact porteur d'une mesure $\nu > 0$, dont le potentiel $G\nu =$ $= \int d\nu(a)\, g(a, x)$ soit continu.

En effet la convergence vague $\mu_p \rightarrow \mu$ donne

$$\int G\nu\, d\mu_p = \int d\nu(a)\, g(a, x)\, d\mu_p(x) \longrightarrow \int G\nu\, d\mu_p = \int G\mu\, d\nu$$

qui entraine :

$$\int V_p(x)\, d\nu \longrightarrow \int W_1(x)\, d\nu$$

On a alors

$$\lim_p \int V_p(x)\, d\nu(x) = \int W(x) d\nu(x) = \int W_1(x) d\nu(x)$$

d'où

$$\int \left[W_1(x) - W(x) \right] \; d\nu(x) = 0$$

qui montre que $\mathcal{E}(W < W_1)$ est de ν- mesure nulle pour toute $\nu' > 0$ telle que $G\nu$ soit continue. En particulier $\mathcal{E}(W < W_1)$ ne peut contenir un ouvert; on a donc $W_1 = W^*$, ce qui établit l'énoncé.

La propriété pour un ensemble E de ne contenir aucun compact K susceptible de porter une mesure $\nu > 0$, telle que le potentiel $G\nu$ soit une fonction continue caractérise les ensembles de capacité intérieure nulle .

On rappelle que la capacité d'un compact K est le sup des $\mu(K)$ pour les $\mu > 0$, portées par K, vérifiant $G\mu \leq 1$ sur K (et donc $G\mu \leq 1$ partout); la capacité intérieure de E est le sup des capacités des compacts $K \subset E$.

<u>Propriétés de l'ensemble $W < W^*$ dans le cas plurisousharmonique</u> : On considérera [cf. 3_d et 3_i] la classe suivante de fonctions :

<u>Définition.</u> On désigne par (M_0) une classe de fonctions à valeurs réelles, $-\infty \leq V < +\infty$, comprenant les fonctions plurisousharmoniques et fermées pour les opérations suivantes, effectuées une infinité dénombrable de fois dans le domaine de définition:

a) Construction de sup V_p, $V_p \in (M_0)$, les V_p étant une suite localement bornée supérieurement dans Δ .

b) Construction de lim $V_p = W$, $(W \not\equiv -\infty)$ pour une suite décroissante.

Si $W \in (M_0)$, $W^* = \text{reg. sup.} W$ est plurisousharmonique. On peut passer de W à W^* par des "régularisations" successives.

$$W = W_0 \leq W_1 \leq \dots \leq W_n = W^*$$

L'ensemble $\eta_k = \mathcal{E}(W_k < W_{k+1})$ est de R^{2n}-capacité nulle et est coupé par les plans $C^1(z_{k+1})$ suivant une section de R^2-capacité nulle. D'où :

<u>Proposition 7.</u> $\mathcal{E}(W < W^*) = \bigcup_k \eta_k$, $1 \leq k \leq n$

η_k ayant les propriétés indiquées.

Soit $R^n \subset R^{2n} = C^n$ le sous-espace réel, des parties réelles des z_k. On a alors comme conséquence de la Proposition 7 :

<u>Proposition 8.</u> a) $\mathcal{E}(W < W^*)$ ne peut contenir un ensemble $e \subset R^n$ si e est de R^n-mesure positive.

b) Soit $x \in R^n \cap \Delta$: on peut "régulariser" W au point x en n'utilisant que les valeurs sur R^n :

$$W^*(x) = \lim\sup W(y), \qquad y \to x, \qquad y \in R^n.$$

Disons qu'un ensemble $e \subset C^n$ est <u>C^n-effilé</u> en $x \in \bar{e}$ si il existe une fonction plurisousharmonique V avec $V(x) = 0$ et

$$\lim\sup V(y) = -1, \qquad y \to x, \qquad y \notin e .$$

Comme on a $W(y) \leq W^*(y)$, la partie (b) de la proposition précédente contient le corollaire : un ouvert de R^n (au sens de la R^n-topologie) n'est C^n-effilé ($C^n = R^{2n}$) en aucun de ses points.

La proposition 8 permet d'établir un "théorème de Hartogs réel" pour lequel nous renvoyons à [3, i].

La question de savoir si $\mathcal{E}(W < W^*) \subset \Delta$ appartient aux infinis négatifs d'une certaine fonction V plurisousharmonique dans Δ n'est résolue (par l'affirmative) que dans des cas particuliers. On ne sait même pas si, <u>localement</u>, la propriété est toujours vraie.

Si l'on décompose une fonction plurisousharmonique dans un domaine D de frontière régulière, de noyau de Green g(x, a), on aura

$$V = H - G\mu$$

et μ a la valeur (cf. Chapitre 4 pour les notations) :

$$\mu = k_n \, t \wedge \beta_{n-1}, \quad k_n = \frac{(n-2)!}{2\pi^n}$$

où $t = i \sum \frac{\partial^2 V}{\partial z_p \partial \bar{z}_q} dz_p \wedge d\bar{z}_q = i\, d_z d_{\bar{z}} V$ est un courant, "positif" et fermé. On se trouve donc dans le cas plurisousharmonique en présence d'une classe <u>particulière Λ de mesures positives :</u> elle possède les propriétés suivantes :

a) Si $D_1 \subset\subset D_2$, la restriction à D_1 de $\mu \in \Lambda(D_2)$ appartient à $\Lambda(D_1)$.

b) Si ν est positive à support $S(\nu)$ compact assez petit, alors si $\mu \in \Lambda(D_2)$, le produit de convolution $\nu * \mu$ appartient à $\Lambda(D_1)$.

<u>Définition.</u> On dira qu'une mesure ν positive, à support $S(\nu)$ compact, est <u>régularisante</u> pour la classe $\Lambda(D_2)$, $D_2 \subset R^p$, et

le noyau g_p de la théorie du potentiel, dans R^p, si pour toute famille φ de mesures $\mu \in \Lambda(D_2)$, bornées uniformément sur tout compact $K \subset D_2$, le produit de convolution

$$\int d\nu(a)\, G\mu(a+x) = \int d\nu(a)\, d\mu(b)\, g_p(a, x+b) = \gamma_\mu(x)$$

soit $\mu \longrightarrow \gamma_\mu(x)$ associé à la famille φ de mesures une famille de fonctions également continues dans D_1.

On suppose $S(\nu)$ assez petit pour que le produit de convolution soit défini dans D_1; si ν est régularisante, ν' déduit de ν par homothétie l'est aussi.

Proposition 9. L'ensemble $W < W^*$, où $W = \lim \nearrow V_p$, V_p plurisousharmonique dans D_2, ne peut contenir dans D_1 le support (compact) d'une mesure régularisante pour la classe $P(D_2)$ des fonctions plurisousharmoniques.

En effet dans D_1, pour $S(\nu)$ assez petit, les $\int d\nu(a) V_p(x+a)$ forment une suite croissante de fonctions également continues, et l'on a

$$\lim_p \int d\nu(a)\, V_p(x+a) = \int d\nu(a)\, W(x+a) = \int d\nu(a)\, W^*(x+a)$$

la dernière égalité résultant de la définition de W^* à partir du potentiel $G\mu$, donnée plus haut.

Comme conséquence de la définition précédente, on dira que $\nu > 0$, à support $S(\nu)$ compact est une mesure régularisante pour la classe $S_{xy}(D)$, $D = d_1 \times d_2$, $z = (x, y)$, $d_1 \in R^n$, $d_2 \in R^q$ si $V \longrightarrow$ $\longrightarrow \int d\nu(a)\, V(z+a)$ transforme toute famille $\mathcal{F}$ de fonctions : $V \in S_{xy}(D)$, localement bornée supérieurement et minorée par une fonction $\psi(z)$, localement sommable, en une famille également continue dans $D' = d_1 \times d_2$, $d_1' \subset\subset d_1$, $d_2' \subset\subset d_2$.

On peut construire, par des produits tensoriels, des mesures régularisantes. On a en effet.

<u>Proposition 10</u>. Soient ν_1 et ν_2 deux mesures régularisantes, ν_1 l'étant dans R^n, ν_2 dans R^q pour les noyaux g_p et g_q respectivement et toutes les mesures positives. Alors

$$\nu = \nu_1 \otimes \nu_2$$

est régularisant pour la classe S_{xy} dans R^{p+q}.

En effet il existe (x, y^0) tel que $\psi(x, y^0)$ soit d'intégrale finie sur d_1'. Alors si $V \in \mathcal{F}$, on a $\int V(x, y^0)\, d\tau(x) > -\infty$; et il en résulte que

$$V_1 = \int d\nu_1(a)\, V(x+a, y^0)$$

est continue, et même également continue pour $x \in d_1'$, $V \in \mathcal{F}$.

Alors pour $x \in d_1'$, et $y \in k \in d_2'$, la mesure $\mu_2(x)$ positive qui figure dans la décomposition de Riesz de V_1, (considéré, à x constant, comme une fonction sousharmonique de y) est majorée, indépendamment de x, et de $V \in \mathcal{F}$. Il en résulte que pour $x \in d_1'' \subset\subset d_1'$, $y \in d_2'' \subset\subset d_2'$, si l'on pose

$$V' = \int d\nu_2(b)\, V_1(x, y) = \int d\nu_1(a)\, d\nu_2(b)\, V(x+a, y+b)$$

que $V \to V'$ transforme $\mathcal{F}$ en une famille également continue en y.

Le même argument vaut par rapport à $x=(x_1,\dots,x_p)$ et l'énoncé est établi.

Quand la classe Λ contient toutes les mesures positives (donc aussi la mesure de Dirac) les ν régularisantes sont exactement celles dont le potentiel $G\,\nu$ est continu. Mais dans le cas de la classe plurisouharmonique P(D), il n'en est plus ainsi, et la proposition 10 permet de former des $\nu > 0$ dans C^n, dont le support est de R^{2n}-capacité nulle et qui sont régularisantes pour la classe P(D) : il suffit par exemple de prendre $\nu = \nu_1 \otimes \nu_2 \otimes \dots \otimes \nu_n$, les ν_k étant régularisantes pour les fonctions R^2-sousharmoniques dans les plans coordonnés $C^1(z_k)$.

3. Les singularités impropres.

On supposera que D est un domaine d'une variété analytique complexe W^n, E une partie fermée de D ayant la propriété :

(A). - L'ouvert Ω = D - E est un domaine connexe.

En fait les propriétés étudiées ici pour les fonctions holomorphes ou plurisousharmoniques seront des propriétés locales et l'on pourra se limiter au cas où D est un domaine de C^n ; l'ensemble E sera toujours un ensemble fermé polaire (donc un ensemble fermé de capacité nulle) dans l'espace réel R^{2n} ; un tel ensemble a la propriété (A).

Prolongement - Exemples.

Soit L(D) une classe de fonctions vérifiant dans D une propriété locale. Prolonger $f \in L(\Omega)$ à D, c'est trouver $\tilde{f} \in L(D)$ dont la restriction a Ω soit f. Si tout $f \in L(\Omega)$ est prolongeable à D, et si le prolongement $\tilde{f}$ est unique, on dira que E est un ensemble singulier impropre pour la classe L dans Ω.

On étudiera le cas où L est la classe des fonctions holomorphes ou celle des fonctions plurisousharmoniques.

Exemples.

1° f(z) est holomorphe et uniforme dans $0 < |z| < r$ et l'on a : $\lim zf(z) = 0$ pour $z \to 0$; f est alors la restriction d'une $\tilde{f}$ holomorphe dans $|z| < r$.

2° V(z) est sousharmonique et uniforme dans $0 < |z| < r$ et $V + \varepsilon \log r \to -\infty$ quand $r \to 0$, pour tout ε donné positif : V est la restriction de $\tilde{V}$ sousharmonique dans $|z| < r$.

3° $f(z_1, \dots, z_n)$ est holomorphe et uniforme dans le domaine de C^n défini par $[\zeta = (z_1, \dots, z_{n-1}) \in d, \quad 0 < |z_n| < r]$ et l'on a

(1) $$\lim z_n f(\zeta, z_n) = 0$$

pour $z_n \to 0$ et pour ζ fixé pris dans un ensemble $e \subset d$; on suppose que e n'est pas une partie d'un vrai sous-ensemble analytique de d. Alors f se prolonge, et d'une manière unique, par $\tilde{f}$ holomorphe dans $D = [\zeta \in d, \ |z_n| < r]$. La démonstration, comme pour 1°, utilise la série de Laurent en z_n.

$$f(\zeta, z_n) = f_1(\zeta, z_n) + \sum_1^{\infty} z_n^{-m} A_m(\zeta)$$

les A_m étant holomorphes dans d ; s'ils s'annulent sur e, ils s'annulent identiquement, et f se réduit à $f_1 = \tilde{f}$, série procédant selon les seules puissances positives de z_n.

4^0 $f(z_1, \ldots, z_n)$, pour $n \geqslant 2$ est holomorphe dans $\Omega = D - E$ où E est un ensemble analytique de dimension complexe $p \leqslant n - 2$; f est la restriction d'une $\tilde{f}$ (unique) holomorphe dans D. Il est inutile de supposer f uniforme, le complémentaire de E dans tout domaine simplement connexe étant alors un domaine simplement connexe. L'énoncé classique ainsi obtenu sera généralisé plus loin.

2. Classe d'ensembles.

Nous distinguerons les classes suivantes d'ensembles dans un domaine D de $C^n = R^{2n}$.

(C_1). - Les ensembles analytiques : E est dit localement analytique dans D si tout point $a \in E$ appartient à un domaine ω_a tel que $E \cap \omega_a$ soit l'ensemble des zéros communs à des fonctions holomorphes dans ω_a (on peut les supposer en nombre fini); E est un ensemble analytique dans D si de plus il est fermé (relativement à D).

(C_2). - Les ensembles polaires complexes : E sera dit polaire complexe dans D (ou sur une variété W^n complexe) si tout point $a \in E$ appartient à un domaine ω_a tel que $(E \cap \omega_a) \subset \mathcal{E}\left[V_a(z_1, \ldots, z_n) = -\infty\right]$, V_a étant plurisousharmonique dans ω_a ($\mathcal{E}_{[\ldots]}$ désigne l'ensemble des points défini par la propriété entre crochets). Un ensemble localement analytique est un ensemble polaire complexe.

(C_3). - Les ensembles polaires : E est dit polaire dans D (R^m-polaire si D est un domaine de R^m) si tout point $a \in E$ possède un voisinage ω_a, domaine dans lequel existe une fonction sousharmonique S_a telle que

$$(E \cap \omega_a) \subset \mathcal{E}_{[S_a(x) = -\infty]} .$$

Rappelons que si D est un domaine de R^m, il existe alors une fonction S(x) sousharmonique dans tout l'espace R^m, telle qu'on ait $E \subset \mathcal{E}_{[S(x) = -\infty]}$. De plus une réunion dénombrable de tels ensembles est encore R^m-polaire (cf. [1]).

On obtient comme conséquence directe des définitions l'inclusion

<u>Proposition 1</u>. - $(C_1) \subset (C_2) \subset (C_3)$ entre les classes définies plus haut. De plus :

<u>Proposition 2</u>. - <u>Si</u> E <u>est une partie fermée et</u> R^{2n}-<u>polaire de</u> $D \subset C^n$, $\Omega = D - E$ <u>est connexe.</u>

Sinon Ω_1, étant une composante connexe de l'ouvert Ω, $D - \Omega_1$ contiendrait un ouvert. Soit V une fonction sousharmonique valant $-\infty$ sur E. Définissons $V_m = \sup (V, -m)$ dans Ω_1, $V_m = -m$ dans $D - \Omega_1$; V_m est fonction sousharmonique dans D et décroissante de m. On a $V = \lim V_m$ dans Ω_1, donc $U = \lim V_m \not\equiv -\infty$ est une fonction sousharmonique dans D , et par suite : $D - \Omega_1 \subset \mathcal{E}_{[U = -\infty]}$ est R^{2n}-polaire et ne peut contenir aucun ouvert d'où contradiction.

Il en résulte qu'un ensemble analytique ou un ensemble polaire complexe fermé E possèdent la propriété indiquée.

En remarquant qu'une image analytique F multiplie la distance de deux points pris sur un compact par un nombre qui demeure borné, on obtient :

Théorème 2. - 1° L'image $e' = F(e)$ d'un ensemble fermé R^{2n}-polaire par une transformation analytique F non dégénérée est R^{2n}-polaire.

2° Si e' est fermé et R^{2n}-polaire $e_1 = F^{-1}(e')$ est R^{2n}-polaire.

3. Théorèmes de prolongement.

On rattachera les énoncés qui suivent à la propriété classique des fonctions sousharmoniques (cf. par exemple [1] et [5]) :

Théorème 3_a. - Si E est une partie fermée, R^m-polaire, d'un domaine D de R^m, $L(\Omega)$ la classe des fonctions sousharmoniques uniformes dans $\Omega = D - E$, bornées supérieurement sur Ω au voisinage de tout point de E, toute $V \in L(\Omega)$ a un prolongement $\tilde{V}$ unique sousharmonique dans D. Autrement dit : un tel ensemble E est une singularité impropre des fonctions sousharmoniques bornées supérieurement. On peut construire V par l'un ou l'autre des deux procédés suivants

$$\text{(A)} \qquad \tilde{V}(P) = \limsup V(M), \quad M \to P \in E, \quad M \in \Omega$$

$$\text{(B)} \qquad \begin{cases} V_1(P) = a \ \text{ fini arbitraire pour } P \in E \,;\ V_1(P) = V(P), \text{ si } P \in \Omega \\ \tilde{V}(P) = \lim\limits_{r=0} A\left[V_1, P, r\right] \end{cases}$$

$A\left[V_1, P, r\right]$ étant la moyenne de V_1 sur une boule $B(P, r)$, de centre P, de rayon r.

Théorème 3_b. - Le résultat demeure si, au lieu de supposer V borné supérieurement au voisinage de chaque point de E, on suppose seulement l'existence d'une fonction U(M) sousharmonique dans D telle que; pour tout $\varepsilon > 0$,

$$W_{\varepsilon}(M) = V(M) + \varepsilon U(M)$$

tende vers $-\infty$ quand $M \in \Omega$ tend vers un point P quelconque de E. On pourra choisir en particulier U(M) potentiel d'une mesure portée par E. On établit à partir de la propriété précédente et du théorème 1 :

Théorème 4. - Avec les hypothèses des théorèmes 3_a ou 3_b, si de plus V est plurisousharmonique; il en est de même de $\tilde{V}$ obtenu par les procédés (A) ou (B).

La démonstration se fait à partir du théorème 1.

Remarque. - D'autre part on établit aisément en considérant la suite

$$V_q = \sup \left[V, -q \right]$$

que si V, est sousharmonique (ou plurisousharmonique) en tout point de D où $V \neq -\infty$, V est sousharmonique (ou plurisousharmonique) dans D.

Théorème 5. - Si f est holomorphe et uniforme dans Ω = = D - E, où E est une partie fermée, R^{2n}-polaire, de D, f se prolonge par continuité en $\tilde{f}$ holomorphe dans D.

En effet on prolonge les parties réelles et imaginaires de f, et l'on observe que les relations de Cauchy sont vérifiées dans tout D.

Les ensembles R^{2n}-polaires fermés sont ainsi des singularités impropres des fonctions holomorphes bornées.

Théorème de Rado. - Si f est définie et continue dans D, holomorphe en tout point où $f \neq 0$, f est holomorphe dans D. On peut même ne supposer au lieu de la continuité de f que la semi-continuité supérieure de $|f|$ dans D. En effet, ou bien $f \equiv 0$ dans D, ou bien $\log |f|$ est plurisousharmonique dans D (cf. Remarque précédente). Alors $\mathcal{E}_{[f=0]}$ est R^{2n}-polaire et de plus fermé comme complémentaire de l'ouvert $f \neq 0$; on applique ensuite le théorème 5.

4. Généralisations.

Théorème 6. - Si f est définie et continue dans D, holomorphe en tout point où la valeur prise f n'appartient pas à un ensemble fermé plan polaire e, f est holomorphe dans D.

Le graphe G de $w = f(z_1, \ldots, z_n)$ dans l'espace $C^{n+1} = C^1_w \times C^n$ est fermé au-dessus de tout compact de D. On va supposer que f est holomorphe en tout point $z \in D$ pour lequel (z, w) n'appartient pas à un ensemble E fermé, C^{n+1}-polaire (au sens de complexe polaire dans C^{n+1}). Au voisinage de $(z^0, w^0) \in G$, E appartient aux infinis négatifs d'une fonction $U(z_1, \ldots, z_n, w)$ plurisousharmonique, et alors ou bien on a $U(z_1, \ldots, z_n, f) = \psi(z_1, \ldots, z_n) \equiv -\infty$ au voisinage de z^0, ou bien ψ est plurisousharmonique. Dans ce dernier cas, l'ensemble $\psi = -\infty$ est R^{2n}-polaire fermé et comme f est holomorphe aux points de D où $\psi \neq -\infty$, le théorème 5 montre que f est holomorphe en z^0. D'autre part si E se projette sur C^1_W selon un ensemble ne contenant aucun continu (c'est le cas si e est R^2-polaire), et si $\psi \equiv -\infty$ au voisinage de z^0, on a $f \equiv W^0$ pour z voisin de z^0.

En remplaçant l'hypothèse que E est C^{n+1}-polaire par l'hypothèse plus précise que E est un ensemble localement analytique dans le domaine $D \times C^1_w$, on obtient

Théorème 7. - Si f est définie et continue dans D, holomorphe sauf peut-être aux points $z \in D$ pour lesquels le point $(z, w = f)$ du graphe G appartient à un ensemble localement analytique E, alors f est holomorphe dans D.

La démonstration du théorème 7 (cf. [5]) part de la remarque que l'une au moins des équations $F = 0$ qui définissent E au voisinage de (z^0, w^0) peut se mettre sous la forme $w = g(z)$, g holomorphe, sauf pour les z appartenant à un ensemble R^{2n}-polaire au voisinage de z^0. On étudie ensuite comme plus haut les deux cas où, au voisinage de z^0, $\psi(z_1, \ldots, z_n) = F(z_1, \ldots, z_n, f)$ vaut identiquement zéro, ou est une fonction holomorphe ne s'annulant que sur un sous-ensemble analytique ; on conclut en appliquant le théorème 5.

Remarque. - Les résultats précédents étant locaux sont valables sur une variété W^n : on appellera ensemble polaire sur W^n un ensemble qui sur chaque carte locale a pour restriction un ensemble polaire (relativement aux coordonnées locales). Un ensemble fermé qui appartient à l'intersection de deux cartes et possède cette propriété sur l'une d'elles la possède aussi sur l'autre (cf. le théorème 2).

Le cas de la classe S_{xy}. Il est évident qu'une fonction p.s.h. est de classe S_{xy} de plusieures manières possibles. Or par celle-ci on a l'énoncé suivant si $x \in R^p$, $y \in R^q$, $f \in S_{xy}(R^{p+q})$:

Théorème 8. - Si E est R^{p+q}-polaire et fermé et si V est de classe S_{xy} dans $D - E$, $D = d_1 \times d_2$, $d_1 \in R^p$, $d_2 \in R^q$, si E vérifie les conditions

a) la projection η de E sur d_2 a un complémentaire qui n'est R^q-effilé en aucun point de η

b) la section $E \cap [y = y^\circ] = e(y^\circ)$ est d'adhérence compacte dans d_1.

Alors E est singularité impropre de la classe des fonctions plurisousharmoniques dans D.

On peut remplacer b) par la condition qu'il existe un domaine d_1' pour chaque y° $d_1' \subset\subset d_1$ dont la frontière soit arbitrairement voisine de celle de d_1 et ne porte pas de point de $e(y^\circ)$: ceci sera réalisé si l'on a p = 2, et si l'on remplace b) par la condition que $e(y^\circ)$ soit de R^2-capacité nulle.

La condition sera quant à elle vérifiée si l'on suppose η de R^q capacité nulle.

On est alors conduit a définir une classe d'ensembles qui sont des singularités impropres dans un domaine de C^n ou sur une variété W^n.

On définira des classes d'ensembles fermés L_n (sur C^n), Λ_n (sur C^n ou sur W^n), cette dernière invariante par les homéomorphismes analytiques complexes. La classe L_n, par contre, est définie relativement à un système d'axes précisé de C^n (y compris l'ordre des variables $z_1, \ldots, z_n$). Les ensembles E des classes L_n, Λ_n, sont des ensembles fermés, polaires, mais particulièrement minces ; ils sont des singularités impropres des fonctions analytiques et plurisousharmoniques (sans hypothèse relative au comportement de la fonction au voisinage de E); ils possèdent la propriété topologique suivante; si D est simplement connexe, le complémentaire $\Omega = D - E$ est encore simplement connexe.

<u>Définition 1</u>. - Une partie fermée E d'un domaine D de C^n

est dite de classe L_n si :

Pour $n = 1$, E est vide

Pour $n = 2$, $E \subset D \subset C^2(z_1, z_2)$ se projette sur $C^1(z_1)$

selon un ensemble e qui est R^2-polaire; la section de E par un plan $C^1(z_2)$ est soit vide, soit R^2-polaire.

Pour $n > 2$: pour tout polycercle P d'adhérence compacte dans D et défini par des inégalités

$$P = \mathcal{E}\left[|z_k - z_k^0| < r_k,\ 1 \leqslant k \leqslant n\right]$$

la projection e de $E \cap P$ sur $C^{n-1}(z_1, \dots, z_{n-1})$ est R^{2n-2}-polaire; la section de $E \cap P$ par un plan $C^1(z_n)$ est soit vide, soit R^2-polaire, soit le disque $|z_n - z_n^0| < r_n$ entier, cette dernière éventualité n'ayant lieu que pour un ensemble de ces plans projeté sur $C^{n-1}(z_1, \dots, z_{n-1})$ selon un ensemble $e_1 \subset e$, e_1 étant de classe L_{n-1} dans le polycercle

$$p = \mathcal{E}\left[|z_j - z_j^0| < r_j,\ 1 \leqslant j \leqslant n-1\right]$$

projection de P.

La définition donnée par $n = 2$ n'est que la particularisation du cas général. On notera $L_n(D)$ l'ensemble des parties de D, de classe L_n.

Si $D' \subset D$, et si $E \subset L_n(D)$, alors $E \subset L_n(D')$. Si $D' \supset D$, on a $E \subset L_n(D')$ si et seulement si E est encore une partie fermée de

D. Pour que E, fermé dans D, appartienne à $L_n(D)$, il faut et il suffit qu'il existe un recouvrement de D par des $D_i \subset D$, avec $E_i = E \cap D_i \in L_n(D_i)$; la propriété est alors vérifiée pour tout recouvrement de D, par des domaines $D_i \subset D$.

Pour obtenir une classe invariante on énoncera

Définition 2.

1° Une partie fermée $E \subset D$ est de classe Λ_n, si pour tout recouvrement de D par des domaines $D_i \subset D$, les ensembles $E_i = E \cap D_i$ sont de $L_n(D_i)$ et si pour toute image analytique biunivoque T_i l'ensemble $T_i(E_i)$ est dans la classe $L_n\left[T(D_i)\right]$.

2° Une partie fermée E d'une variété W^n analytique complexe est dite de classe Λ_n si, $D \subset W^n$ étant un domaine possédant des coordonnées locales qui établissent une application F de D dans C^n, $F(E \cap D)$ est de classe Λ_n dans F(D).

Les classes L_n, Λ_n sont formées d'ensembles polaires.

Théorème 9. - Un ensemble analytique A de dimension $p \leq n-2$ sur une variété W^n est de classe Λ_n. On montre qu'il est de classe $L_n(D)$ dans tout domaine D de coordonnées locales en utilisant le théorème de plongement de Remmert-Stein.

Théorème 10. - Un ensemble fermé dans un domaine D de C^n, réunion dénombrable d'ensembles de classe L_n (ou Λ_n) dans D est de classe L_n (ou Λ_n).

La démonstration, pour la classe L_n, se fait à partir des propriétés des ensembles polaires et de la définition 1. Si E appartient à $L_n(D)$, E est R^{2n}-polaire, fermé ; $\Omega = D - E$ est connexe. Mais on a de plus :

Théorème 11. - Si D est simplement connexe et E une partie

<u>fermée de classe</u> L_n <u>(ou</u> Λ_n) <u>de</u> D , Ω = D - E <u>est un domaine simplement connexe.</u>

Il suffit de faire la démonstration D étant un polycercle P : la propriété (immédiate pour n = 1, n = 2) se démontre par récurrence sur n . On remarque :

1° un lacet γ (ligne polygonale fermée) dans Ω = P - E $\cap$ P est équivalent (par homotopie) dans Ω à un lacet γ' situé dans la base p et ne contenant aucun point de l'ensemble e .

2° d'après le théorème, admis pour n - 1 , γ' est homotope nul dans p - e_1 .

3° cette réduction de γ' à zéro peut se faire par addition d'un nombre fini de lacets γ_i homotopes à zéro dans Ω , tout point M de E non projété sur e , possédant un voisinage (pour lequel on prend un polycercle P(M) de centre M) dans lequel P(M) - P(M) $\cap$ E est reconnu simplement connexe (en procédant comme dans le cas n = 2). Finalement γ est homotope nul dans Ω .

Une conséquence de l'énoncé précédent est : si f est holomorphe (ou V plurisousharmonique) dans D - E , uniforme ou non, et si E $\in$ L_n(D) , on pourra étudier le prolongement de chaque détermination de f (ou de V) dans un polycercle P (d'adhérence compacte dans D) , en considérant cette détermination comme une fonction uniforme. Or l'étude d'une fonction plurisousharmonique au voisinage de E $\subset$ L_n(D) montre qu'une telle fonction est nécessairement bornée supérieurement sur Ω = D - E au voisinage de tout point de E . De là découle :

<u>Théorème 12</u>. - 1° <u>Un ensemble</u> E $\in L_n \subset$ (D) , <u>où</u> D <u>est un domaine de</u> C^n, <u>est un ensemble singulier impropre des fonctions analytiques et des fonctions plurisousharmoniques définies dans</u> D - E $\cap$ D .

2° Un ensemble E de classe Λ_n sur une variété W^n, analytique complexe est un ensemble singulier impropre de ces même fonctions définies dans $\Omega = W^n - E$.

Il est entendu que les prolongements $\tilde{f}$ (de f analytique) et $\tilde{V}$ (pour V plurisousharmonique) se font, pour f par continuité sur E (pour chaque détermination) et pour V, par les procédés (A) ou (B) indiqués plus haut, chaque détermination étant, au voisinage d'un point de E, une fonction uniforme sur Ω.

En comparant avec les énoncés plus haut (théorèmes 9 et 10), on voit en particulier que pour les fonctions analytiques et les fonctions plurisousharmoniques, un ensemble analytique E de dimension $p \leq n-2$ est une singularité impropre sur W^n (résultat donné dans [3] pour les fonctions plurisousharmoniques) et qu'il en est encore de même de toute partie fermée de W^n, obtenue comme réunion dénombrable de tels ensembles E_q définis sur W^n.

Bibliographie

[1] V. Avanissian - Fonctions plurisousharmoniques et fonctions doublement sousharmoniques, Ann. Ec. Norm. Sup. Paris (1961).

[2] M. Brelot - Lectures on potential theory, Tata Institute, Bombay, 1960.

[3] P. Lelong - a) Définition des fonctions plurisousharmoniques, (C. R. Ac. Sc., t. 215, p. 398, 1942)

b) Sur les suites de fonctions plurisousharmoniques, (C. R. Ac. Sc., t. 215 p. 454, 1942)

c) Sur une propriété de la frontière d'un domaine d'holomorphie, (Ibidem, t. 216, p. 167, 1943)

d) Les fonctions plurisousharmoniques, (Ann. Ec. Norm. Sup. t. 62, p. 301-338, 1945)

e) Propriétés métriques des variétés analytiques complexes définies par une équation, (Ann. Ec. Norm. Sup. t. 67, p. 393-419, 1956)

f) La convexité et les fonctions analytiques de plusieurs variables complexes, (J. de Math. t. 31, p. 191-219, 1952)

g) Ensembles singuliers impropres des fonctions plurisousharmoniques, (J. de Math. t. 36, p. 263-303, 1957)

h) Sur une classe de singularités impropres, (Archiv der Math. 9, 3, p. 161-166, 1958)

i) Fonctions plurisousharmoniques et fonctions analytiques réelles, (Annales de l'Institut Fourier t. 12, 1962).

[4] J. Deny et P. Lelong - Etude des fonctions sousharmoniques dans un cylindre ou dans un cône, (Bull. Soc. Math. France t. 75, p. 89-112, 1947).

[5] H. Grauert et R. Remmert - Plurisubharmonische Funktionen in komplexen Räumen, (Math. Z., t. 65, 1956, p. 175-194).

P. Lelong

Chapitre III

LES FONCTIONS PLURISOUSHARMONIQUES ET LE PROBLEME DE LEVI .

1. - La convexité dans C^n par rapport aux fonctions plurisousharmoniques.

L'essentiel de ce Chapitre est le résultat : un domaine convexe par rapport aux fonctions plurisousharmoniques est aussi convexe par rapport aux fonctions holomorphes. S'il s'agit d'un domaine de C^n, le résultat est dû à K. Oka [5a] pour n = 2, à F. Norguet [4b] pour n quelconque, la démonstration étant obtenue par des représentations intégrales . Les méthodes actuelles utilisent la cohomologie et notamment la démonstration préalable que $H^q(D, \mathcal{O})$ est de dimension finie pour $q \geqslant 1$, $\mathcal{O}$ étant le faisceau des germes de fonctions holomorphes, dans un domaine D strictement convexe par rapport aux fonctions plurisousharmoniques. Sous cette forme le résultat s'étend aux espaces analytiques, [3a] et [3b] .

Nous rappellerons d'abord les résultats d'une étude élémentaire [2b] faite pour les domaines D de C^n, qui montre l'équivalence , sans utiliser le théorème de K. Oka, de différentes propriétés classiques exprimant toutes la convexité de D par rapport aux fonctions plurisousharmoniques. On désignera par P(D) la classe des fonctions plurisousharmoniques dans D.

P - convexité. Nous dirons que D est convexe par rapport à la classe P(D) des fonctions plurisousharmoniques définies dans D (par abréviation P-convexe) si, à tout compact $k \subset D$, on peut faire correspondre un ensemble E(k), avec $E(k) \subset\subset D$, tel que dans tout ouvert $D - \bar{E}(k)$ existe un point z du moins pour lequel on a

$$V(z) > \sup_k V$$

pour une fonction $V \in P(D)$.

La classe (C_0) de domaines ainsi obtenue est invariante par les applications analytiques complexes biunivoques.

Classes (Γ). D'autre part nous dirons que D est de classe (Γ) s'il existe une fonction $V \in P(D)$ qui tend vers $+\infty$ quand on s'approche de la frontière bD de D.

L'étude de la série de Taylor en u pour une fonction F ayant un domaine d'holomorphie D :

$$F(z_k^0 + a_k u) = \Psi\left[z_k^0, \vec{a}, u\right] , \qquad \vec{a} = (a_k)$$

montre que la distance $\delta(z^0, \vec{a})$ du point $z^0 = (z_k^0) \subset D$ à bD parallèlement à $\vec{a}$, est telle que

$$- \log \delta(z, \vec{a})$$

est plurisousharmonique. Il en est de même alors pour

$$\delta(z) = \inf_a \delta(z, \vec{a}) \quad , \quad |\vec{a}| = 1$$

Soit (Γ'') et (Γ') les classes de domaines D caractérisés par ces propriétés dans C^n. On a

$$(1) \qquad (\Gamma'') \subset (\Gamma') \subset (\Gamma) \subset C_0$$

et il est clair que ces classes sont fermées par l'opération qui consiste à passer à la limite croissante d'une suite de domaines.

Classes (C). Nous dirons que D est de classe (C_1^d) s'il est relativement compact et s'il existe dans un voisinage U de $\bar{D}$ une fonction V de classe (C^∞) définissant V comme composante connexe de l'ensemble $[x \in U \mid V(x) < 0]$. Nous dirons que D est de classe (C_1) s'il est obtenu comme limite d'une suite croissante D_n, $D_n \subset (C_1^d)$.

On établit (cf [2b]):

Proposition 1. - Soit $V \in P(D)$ et $E = [x \in D \mid V(x) \leq 0$, $\mathring{E}$ le noyau ouvert de E; si Δ est une composante ouverte de $\mathring{E}$, telle que $\bar{\Delta}$ soit compacte dans D, alors Δ est de classe (C_1).

On a alors l'inclusion :

$$(2) \qquad (C_0) \subset (C_1)$$

Définition. - On appellera famille de disques dans D l'image $\varphi(t)$ de $|u| \leq 1$, par

$$(3) \qquad z_k = \varphi_k(u,t) \qquad 0 \leq t \leq 1$$

les φ_k étant analytiques de la variable complexe u pour $|u| < 1$ quelque soit t fixé et de plus continues de $(u \times t)$ pour $|u| \leq 1$, $0 \leq t \leq 1$.

On suppose que pour t fixé, au moins un des φ_k n'est pas constant.

Un domaine D sera dit de classe (C_2) s'il possède la "propriété du disque", c'est-à-dire si pour toute famille de disques (3), $Q(t) \subset D$ pour $0 \leq t < 1$, $bQ(t) \subset D$ pour $0 \leq t \leq 1$ entraine $Q(1) \subset D$; bQ désigne l'image par (2) de $|u| = 1$.

La propriété du disque se conserve par passage à la limite d'une suite croissante de domaines. On a alors :

$$(C_1) \subset (C_2). \tag{4}$$

<u>Condition de Levi</u>. - Nous dirons que $V \in P(D)$ est strictement plurisousharmonique au point z^0 si la forme $L(V) = \sum V^{p\bar{q}} dz_p d\bar{z}_q$ est définie positive, les dérivées $V^{p,\bar{q}} = \frac{\partial^2 V}{\partial z_p \partial \bar{z}_q}$ étant calculées en z^0. On a alors

$$L(V) > \alpha |dz|^2 \qquad \alpha > 0.$$

D'autre part on a :

$$V(z_k^0 + dz_k) - V(z_k^0) = R\left[2 \sum V^i dz_i + \sum V^{ij} dz_i dz_j\right] + L(V) + \sigma(|dz|^3)$$

où R désigne la partie réelle. Si au point z^0 nous attachons la surface du 2e degré $S(z^0)$ définie par $\sum_i V^i(z_i - z_i^0) + \sum V^{ij}(z_i - z_i^0)(z_j - z_j^0) = 0$ où les dérivées de V sont calculées en z^0, elle est un ensemble analytique ne pénétrant pas dans l'ensemble $V < 0$ au voisinage z^0.

Soit (C_3^d) la classe des domaines D tels que tout $x_0 \in bD$, a un voisinage $U(x_0)$ dans lequel existe une fonction strictement plurisousharmonique V, (C^∞), telle que $\left[x \in U(x_0) \mid V(x) < 0\right] = U(x_0) \cap D$; on a, en remarquant qu'on peut approcher sur un compact de C^n une fonction (C^∞) plurisousharmonique V par une fonction V' strictement plurisousharmonique.

$$V' = V + \varepsilon \sum_1^n z_k \bar{z}_k \quad , \qquad \varepsilon > 0$$

l'inclusion :

$$(C_1^d) \subset (C_3^d)$$

ou, en passant aux limites de suite croissant de domaines, et définissant (C_3) :

$$(C_1) \subset (C_3)$$

<u>Proposition.</u> - Nous dirons qu'une fonction φ est équivalente dans D à une fonction plurisousharmonique V s'il existe $U(x) > 0$ dans D telle qu'on ait $V = U\varphi$ (en particulier, V et φ ont les mêmes zéros). Alors pour que φ, dérivable au voisinage de x_0, soit équivalente dans un voisinage de z^0 à une fonction strictement plurisousharmonique dérivable V, il faut et il suffit que soient satisfaites les conditions de Levi-Kroszka :

$$L(\varphi) > 0 \qquad \text{pour tout } \vec{dz} \text{ , vérifiant } \varphi'^i dz_i = \bar{\varphi}'^i d\bar{z}_i = 0$$

La démonstration est classique : on peut prendre pour U le polynome

$$U = 1 + (\alpha - A_1)\left[\varphi^i (z_i - z_i^0) + \bar{\varphi}^i (\bar{z}_i - \bar{z}_i^0)\right]$$

les φ^i étant calculées en z^0 ; $\alpha > 0$, A_1 est le coefficient du développement

$$L(\varphi) = A_1\, d'\varphi\, \overline{d'\varphi} + \sum_2^n A_i\, dE_i\, d\bar{E}_i$$

On a posé $d'\varphi = \varphi^i dz_i$, $d''\varphi = \bar{\varphi}^i d\bar{z}_i$.

On obtient ainsi une autre définition de la classe (C_3^d). Finalement on a établi :

(5) $$(\Gamma'') \subset (\Gamma') \subset (\Gamma) \subset (C_0) \subset (C_1) \subset (C_3).$$

On a d'autre part $(C_3) \subset (\Gamma'')$; on l'établit à partir de la notion suivante. On appellera agrégat (de dimension n-1 dans C^n) une réunion d'ensembles fermés e_i , dont chacun est constitué par l'intersection $\bar{U}_i' \cap e_i' = e_i$, e_i' étant un ensemble analytique de dimension homogène n-1 défini dans un domaine U_i et $\bar{U}_i \subset U_i$ un domaine compact dans U_i ; on appellera <u>point intérieur</u> sur e_i , un point $x \in U_i' \cap e_i'$. Il est clair qu'à partir des ensembles analytiques notés plus haut $S(z^0)$, attachés à chaque point $z^0 \in bD$, $D \subset (C_3^d)$, on construit un agrégat (les e_i ne sont pas supposés dénombrables) et que la distance $\delta(z, \vec{a})$ de $z \in D$ à b D parallèlement à $\vec{a}$ est la distance de z à l'agrégat. On a alors (cf. [2b])

<u>Proposition</u>. - Si $E = \cup e_i$, $i \in (I)$, est un agrégat de di-

mension n-1, D un domaine tel que $D \cap \bar{E} = \phi$, si pour tout $z \in D$, existe sur E un point z' qui est point intérieur pour l'un des e_i, tel que $\vec{z}' - \vec{z} = \vec{a}\ \delta(z, \vec{a})$, $\vec{a}$ vecteur unitaire, alors $-\log \delta(z, \vec{a})$ où $\delta(z, \vec{a})$ est la distance de $z \in D$ à l'agrégat E parallèlement à $\vec{a}$, est une fonction plurisousharmonique dans D.

Seule la classe (C_2) définie par la propriété du disque n'est pas incluse dans la suite (5). On établit $(C_2) \subset (\Gamma'')$ directement (cf. [1a] et [2b]) en s'appuyant sur la propriété du maximum pour les fonctions sousharmoniques.

On énoncera

<u>Théorème</u>. - Les classes de domaines dans C^n considérées successivement et fermées par le passage à la limite d'une suite croissante de domaines sont identiques.

<u>Passage du local au global pour la P-convexité dans C^n</u>. - On dira que D, domaine de C^n est <u>localement P-convexe</u> s'il existe un recouvrement de D par des U_i, eux-mêmes P-convexes, de manière que $D \cap U_i$ ait ses composantes P-convexes. Soit $x_0 \in bD$; il existe alors une boule de centre x_0, soit B de manière que $B \cap D$ ait ses composantes P-convexes. Supposons D borné : il existe alors un recouvrement de bD par des boules $B_1, \ldots, B_N$ satisfaisant à la condition énoncée ; il existe $a > 0$ tel que les boules B'_k, B'_k concentrique à B_k ayant un rayon $r'_k = r_k - a$, recouvrent encore bD. Soit l le minimum de $\delta(z)$, pour $z \in \bigcup B'_k$, et $l_1 = \inf(l, \frac{a}{2})$; il est clair que, $\delta(z)$ étant la distance de $z \in D$ à bD, et $\delta_k(z)$ la distance de $z \in B_k \cap D$ à la frontière de cet ensemble, on a

$$\delta_k(z) = \delta(z)$$

dès qu'on a $\delta(z) < l_1$; autrement dit : $-\log \delta(z)$ est plurisousharmonique pour $\delta(z) < l_1$, dès lors $V(z) = \sup \left[-\log \delta(z), -\log l_1 \right]$ est une fonction $V \in P(D)$ qui tend vers $+\infty$ quand $z \to bD$: le domaine D est P-convexe ; en particulier $-\log \delta(z)$ est plurisousharmonique dans D .

Le passage du local au global se fait donc sans difficulté pour toutes les propriétés énoncées plus haut, propriétés qui expriment la convexité de $D \subset C^n$ par rapport à la classe P(D) des fonctions plurisousharmoniques.

2. Le problème de Levi pour les espaces analytiques .

Rappelons que si M est un sous ensemble analytique d'un domaine D d'un C^n, une fonction f définie sur M est dite analytique (respectivement (C^∞), respectivement plurisousharmonique) sur M si tout point $x_0 \in M$ a un voisinage U dans C^n (c'est-à-dire dans l'espace ambient) sul lequel est définie une fonction $\tilde{f}$ analytique $\left[(C^\infty) \right.$ - plurisousharmonique, respectivement $\left. \right]$ et telle que la restriction de $\tilde{f}$ à M soit f.

En particulier une application holomorphe d'un ensemble analytique M dans un $M' \subset D' \subset C^m$ est la donnée pour tout $x_0 \in M$ d'une application ψ , $x_0 \in M \to \varphi(x_0) \in M'$ définie et holomorphe sur un $U(x_0)$ de l'espace ambiant C^n.

Les espaces qui suivent seront supposés dénombrables à l'infini. Un espace analytique X est un espace annelé dont chaque point $x \in X$ a un voisinage U(x) tel que $U(x) \cap X$ soit isomorphe à un sous-ensemble analytique complexe M muni du faisceau d'anneaux des germes de fonctions holomorphes : plus précisément il existe un recouvrement de X par des ouverts U_i , et des isomorphismes $\varphi_i[U_i] = M_i$, M_i étant défini comme sous ensemble analytique d'un certain C^{n_i} ; la condition de compatibilité s'énonce : si $U_i \cap U_j \neq \phi$, $\varphi_i \circ \varphi_j^{-1}$ est un isomorphisme d'ensembles analytiques appliquant $\varphi_j[U_i \cap U_j] \subset M_j$ sur $\varphi_i(U_i \cap U_j) \subset M_i$.

Une fonction R sera dite analytique (respectivement (C^∞), plurisousharmonique) sur un domaine $D \subset X$, X étant un espace analytique, si l'on a

$$f = \tilde{f}_i \circ \varphi_i$$

sur $U_i \cap D$, $\tilde{f}_i$ étant analytique [(C^∞), plurisousharmonique respectivement] sur M_i , c'est-à-dire restriction à M_i de telles fonctions définies dans un ouvert de C^{n_i}. On vérifie l'invariance de cette définition par rapport à la "réalisation" M_i , qui constitue la carte de $U_i \subset X$.

On a en effet :

Proposition. - Soit f une application analytique de X dans Y , X et Y étant des espaces analytiques; si p est plurisousharmonique sur Y, alors $p \circ f$ est plurisousharmonique sur X .

En effet soit $x_0 \in X$; il existe un isomorphisme analytique $\varphi : V \to M$ d'un voisinage V de $f(x_0)$ sur un ensemble analytique M D C^N. Il existe aussi un isomorphisme ψ d'un voisinage U de x_0 sur un ensemble analytique $M' \subset G \subset C^m$, où D et G ont des domaines de C^N et C^m respectivement . Alors $\varphi \circ f \circ \psi^{-1}$ est une application holomorphe de A dans C^N et (quitte à restreindre G) cette application F est définie dans G : $G \to C^N$. Par ailleurs $p \circ \varphi^{-1}$ est la restriction d'une fonction plurisousharmonique P définie dans D (en restreignant éventuellement D). Finalement $P \circ F$ est une extension de $(p \circ f) \circ \psi^{-1}$ à un voisinage de $\psi(x_0)$ dans C^m, ce qui établit la proposition. En particulier la définition des fonctions plurisousharmoniques donnée ne dépend pas du plongement $X \cap U_i \to M_i \subset C^{n_i}$.

<u>Fonctions strictement plurisousharmoniques</u>. - Une fonction φ, définie sur un espace analytique X est dite strictement plurisousharmonique, si pour toute fonction h, à valeurs réelles, (C^∞), et à support compact dans X, il existe un nombre réel $\varrho > 0$ tel que

$$\varphi + \varepsilon h$$

soit plurisousharmonique pour $-\varrho < \varepsilon < \varrho$.

Montrons que la notion ainsi définie est bien indépendante de la "réalisation" de X. Faisons les remarques suivantes : si φ est strictement plurisousharmonique dans $D \subset C^n$ il en est de même de sa restriction à une sous variété analytique W (régulièrement plongée dans C^n) ; réciproquement si φ est strictement plurisousharmonique sur une telle W, elle a une extension strictement plurisousharmonique dans un ouvert de C^n ; la question étant locale, il suffit de considérer le cas où W est un sous espace C^p, $p < n$, défini par $z_k = 0$, $p+1 \leq k \leq n$; alors $\psi = \varphi + \sum_{p+1}^{n} z_j \bar{z}_j$ donne bien l'extension cherchée.

Dans ces conditions si $x \in X$, et si M est l'idéal maximal de $\mathcal{O}_x$, c'est-à-dire celui des fonctions analytiques en x sur X, qui s'annulent en x, soit $d = \dim (M/M^2)$ - il s'agira toujours, sauf indication contraire de dimension complexe. Alors d est le plus petit entier M tel qu'il existe un voisinage $U(x_0)$ dans X qui soit isomorphe à un ensemble analytique dans un ouvert de C^m. Cet énoncé (dû à Andreotti) est une conséquence du théorème des fonctions implicites appliqué au système

$$z_k = \sum_1^d a_i^k s_i + f_k + g_k$$

où les s_i sont des germes de fonctions holomorphes en x dans l'espace ambiant C^N qui engendrent M/M^2, a_i^k des constantes ; les f_k appartiennent à l'idéal des fonctions nulles sur X au voisinage de x et les g_k s'annulent en x à l'ordre $\geqslant 2$; les z_k sont les N coordonnées dans C^N. Le système des df_k est de rang N - d et $f_k = 0$, $1 \leqslant k \leqslant N - d$, avec une numération convenable des f_k, définit une variété Y de dimension d en x dans laquelle l'image de X sera un sous ensemble analytique de $\{f_k = 0\}$ qui est une variété W de dimension d. Par un isomorphisme local on peut appliquer W sur un sous espace soit C^d de dimension d.

Alors si p(x) est fortement plurisousharmonique au voisinage de x sur X, son image sur la variété analytique W l'est aussi et d'après la seconde remarque faite plus haut, elle s'étend en une fonction plurisousharmonique dans tout espace où W est régulièrement plongée, ce qui établit l'invariance de la notion "fortement plurisousharmonique" par rapport à la réalisation de la "carte".

On indiquera ici brèvement les résultats de [3a] et de [3b] : la méthode cohomologique avait été employé par H. Grauert [(1')] dans le cas des variétés. On trouvera dans [4d] une bibliographie et un'exposé très complet des résultats récents.

On désignera par I(X) l'algèbre des fonctions holomorphes sur X. Rappelons alors quelques définitions :

<u>Définitions</u>.

1) Si K est un compact de X, $\hat{K}(X)$ désigne la H-enveloppe

$$\hat{K}(X) = \left\{ x \in X \ , \ |f(x)| \leq \sup_{y \in k} |f(y)| \ \text{pour les } f \in I(X) \right\}$$

2) X est dit holomorphe convexe si et seulement si, $\hat{K}(X)$ (qui est fermé) est compact dans X pour tout compact K

3) Si X est holomorphe convexe et holomorphiquement séparable (si $x \neq y$, il existe $f \in I(X)$ avec $f(x) \neq f(y)$, X est dit <u>espace de Stein</u>.

On rappelle que si X est espace de Stein, tout $x \in X$ a un voisinage U_x qui se réalise, grace à des fonctions $F = \{ f_k \in I(X) \}$ comme sous ensembles analytique M d'un certain C^N.

4) $Y \subset X$ est dit domaine de Runge (dans X) si pour tout $K \subset Y$, $\hat{K}(X) \cap Y$ est un compact. Alors d'après le théorème d'Oka-Weil, Y est de Runge dans X si et seulement si Y est de Stein et toute $f \in I(Y)$ est approchable par des fonctions de I(X) uniformément sur tout compact de Y.

Rappelons encore ceci :

Si X est de Stein, K compact dans X, $\hat{K}(X)$ a un système fondamental de voisinages qui sont de Runge dans X.

Il suffit de considérer $\hat{K} \subset U \subset\subset X$ et de remarquer que pour tout $x \in bU$, il existe une $f_i \in I(X)$ telle qu'on ait $|f_i(x_i)| > 1$ en $x_i \in bU$, $|f_i(y)| < 1$ sur K ; puisque bU est compact on trouve un nombre fini de telles f_i. On définira alors :

$$Y = \left\{ x \in U \mid \sup |f_i(y)| < 1 \right\}$$

Y sera de Runge, et l'on aura $\hat{K} \subset Y \subset U$.

Si X est un espace de Stein, $Y_k \subset Y_{k+1}$ une suite de domaines de Runge dans X , lim Y_k = Y est encore de même nature.

Enfin, résultat qui remonte à K.. Stein : Si X est seulement supposé un espace analytique, les Y_k étant de Stein et Y_k étant domaine de Runge dans Y_{k+1} , X est un espace de Stein.

Les résultats de Narasimhan . Les principaux énoncés établis dans [3a] et [3b] sont :

Théorème I . - Si D est un ouvert relativement compact dans X , $D \subset\subset X$, X espace analytique et si tout $x_0 \in bD$ a un voisinage U dans lequel existe une fonction p(x) strictement plurisousharmonique avec

$$D \cap U = \left\{ x \in U \mid p(x) < 0 \right\}$$

alors D est holomorphe convexe, contient un ensemble analytique compact (éventuellement vide) maximal de dimension > 0, et est une modification propre d'un espace de Stein.

Théorème II . - Soit X un espace analytique : pour qu'il soit de Stein, il faut et il suffit qu'il existe 1°) une fonction p(x) continue plurisousharmonique sur X avec

$$X_\alpha = \left\{ x \in X \mid p(x) < \alpha \right\} \subset\subset X \quad \text{pour tout} \quad \alpha \geqslant 0$$

et 2°) une fonction continue q(x) strictement plurisousharmonique sur X - éventuellement q = p si p a cette dernière propriété.-

De plus si X est de Stein, la fonction p peut être choisie strictement plurisousharmonique et analytique réelle.

L'énoncé suivant est utile pour l'obtention du résultat de K. Oka (théorème IV).

<u>Théorème III.</u> - Si X est un espace de Stein, $D \subset\subset X$, si D_t, $0 \leq t \leq 1$ est une famille continue avec $D_0 = D$, $\bigcup \bar{D}_{t_0} \subset D_t$ pour $0 \leq t < t_0$, $D_1 = X$, $D_t \subset\subset X$, de manière que $K_{t_0} = \bigcap_{t > t_0} D_t - D_{t_0}$ ait un voisinage U dans lequel existe p(x) continue p. s. h. avec $p(x) < 0$ sur $U \cap D_{t_0}$ et $p(x) = 0$ sur K_{t_0}, alors D est un domaine de Runge dans X (donc un espace de Stein).

<u>Théorème IV. (de K. Oka)</u> - Si D est un domaine de C^n tel que $-\log d(z)$ est p. s. h., D est domaine d'holomorphie. En effet $-\log d(z)$ est continue ; $p(z) = \sup \left[-\log d(z), \sum |z_k|^2\right]$ est fortement p. s. h. dans D et $\left\{ z \in D \mid p(z) \leq \alpha \right\} = D_\alpha$ est compact et le théorème II entraine que D est de Stein, c'est-à-dire domaine d'holomorphie.

La démonstration s'étend au théorème analytique de K. Oka concernant les domaines non ramifiés au dessus de C^n.

Enfin on obtient une caractérisation des espaces holomorphiquement convexes qui résultent d'espaces de Stein par des "éclatements" ponctuels.

<u>Théorème V.</u> - Soit X un espace analytique : une condition nécessaire et suffisante pour qu'on ait

$$\dim H^q(X, S) < \infty$$

pour $q > 0$ et tout faisceau analytique cohérent S sur X est que X soit holomorphiquement convexe et obtenu à partir d'un espace de Stein par éclatement en un nombre fini de points . S'il en est ainsi, si A est l'ensemble analytique compact maximal de X , $A \longrightarrow X$ induit des isomorphismes :

$$H^q(X, S) \simeq H^q(A, S) \qquad \text{pour } q > 0 \quad .$$

Notes sur la démonstration. Certaines difficultés techniques apparaissent pour passer d'une définition de $D \subset\subset X$, défini localement comme domaine P-convexe au voisinage de chaque point de bD , à une définition globale dans un voisinage V de bD du type : $D \cap V =$ $= \left\{ x \in V \mid p(x) < 0 \right\}$, p(x) étant plurisousharmonique, définie sur V (donc sur tout le bord de D).

Cette difficulté est résolue par

Partie 1. - Si $D \subset\subset X$, D ouvert est défini dans $U(x_0)$, $x \in bD$ par

$$(1) \qquad U(x_0) \cap D = \left\{ x \in U(x_0) \mid p(x) < 0 \right\}$$

p(x) étant lepschizienne et plurisousharmonique et si (1) est donné [avec une p(x) qui dépend de $U(x_0)$] pour tout point $x_0 \in bD$, alors il existe une fonction strictement p. s. h. q(x) dans tout un voisinage V de bD, de manière que

$$V \cap D = \left\{ x \in V \mid q(x) < 0 \right\}$$

La méthode de démonstration utilise l'approximation par les fonctions dérivables : il est voisible que si p(x) est lipschizienne dans un domaine d'un C^N, les régularisées $p * \alpha_p$ ont leurs dérivées partielles bornées d'ordre 1. De plus (remarque faite postérieurement par Grauert), si $\{U_i\}$ est un recouvrement de bD, h_i une partition (C^∞) de l'unité subordonnée, et si $p_i(x)$, (C^∞), p. s. h., définit D dans U_i, on peut prendre

$$p(x) = \sum_1^s h_i\, p_i\, (h_i + \lambda_i\, p_i)$$

pour définir globalement D dans un voisinage de bD ; on a $L(p) > 0$ si on a $L(\varphi_i) > 0$ et λ_i positifs assez grands, ce qui simplifie la construction faite dans [2b].

Partie 2. - Si $D \subset\subset X$ est défini localement au voisinage de chaque $x_0 \in bD$ par

$$U(x_0) \cap D = \{ x \in U(x_0) \mid p(x) < 0 \}$$

où $p = \sup \{p_1, \ldots, p_k\}$, les p_j étant un nombre fini de fonctions strictement p. s. h., de classe (C^2) dans $U(x_0)$, alors D est holomorphiquement convexe.

On sait (Partie 1) qu'on peut définir globalement bD ; la pseudoconvexité stricte permet alors d'opérer une extension de D par une suite

$$D_0 = D, D_1, \ldots, D_p = D'$$

les D_q étant strictement P-convexes, et l'extension D_{r+1} étant appropriée à un recouvrement de D_r par des ouverts $U_{n,i}$ de Stein : en utilisant la méthode de Grauert [1'], on déduit du fait que $H^q(U_{r,i}, \mathcal{O}) = 0$ pour $q > 0$, (théorèmes A et B), que $H^q(D', \mathcal{O}) \to H^q(D, \mathcal{O})$ est surjectif. Il en résulte [cf. 4a et 4c et 4d] en utilisant un procédé en voie de devenir classique que

$$(1) \qquad \dim H^q(D, \mathcal{O}) < \infty$$

pour $q > 0$.

On va se servir de (1) pour résoudre un problème additif de Cousin, à l'extérieur de D, en utilisant une extension D' de D pour laquelle $H^q(D', \mathcal{O})$ a une dimension d finie, pour q=1.

On a vu que par $x_0 \in bD$, il passe un germe σ d'ensemble analytique défini et extérieur à D dans un voisinage U de x_0. On prend l'extension D' assez proche de D (elle est définie globalement en écrivant $p(x) < h(x)$, $h(x) > 0$, à dérivées petites) pour que $\sigma' = \sigma \cap D'$ soit fermé dans D'. Soit $U' \subset\subset U$, un voisinage de U de manière que $\sigma \cap (U - U') \cap D' = \emptyset$. Alors si $f(x) = 0$ est l'équation qui définit σ dans U

$$\frac{1}{f(x)}$$

est holomorphe dans $(U - \bar{U}') \cap D'$ et

$$\frac{1}{[f(x)]^r} \quad \text{dans U}, \qquad 0 \quad \text{dans } D' - \bar{U}'$$

est une donnée P_r de Cousin de pôles dans D'. Si $\mathcal{O}$ est le faisceau des germes holomorphes dans D', M le faisceau (additif) des germes de fonctions méromorphes, P le faisceau quotient, on a évidemment la suite exacte :

$$0 \longrightarrow \mathcal{O} \longrightarrow M \longrightarrow P = M/\mathcal{O} \longrightarrow 0$$

ce qui donne la suite de cohomologie dans D' :

$$H^0(D', M) \longrightarrow H^0(D', P) \longrightarrow H^1(D', \mathcal{O}) \longrightarrow$$

A chaque donnée P_r, $r = 1, 2, \ldots$ faisons correspondre son image g_r dans $H^1(D', \mathcal{O})$; si $\dim H^1(D\,\mathcal{O}) = d < \infty$ il existera des constantes $c_1, \ldots, c_p$, $p \leq d+1$, telles que l'on ait $\sum_1^p c_k g_k = 0$, ce qui revient à dire qu'il existe une donnée $\sum_1^p c_k f^{-k}(x)$ qui a une image nulle dans $H^1(D', \mathcal{O})$. Alors il existe une fonction g(x) méromorphe dans D' telle que $g_{(x)} - \sum c_k f^{-k}(x)$ soit holomorphe dans U tandis que g est holomorphe dans D - U. La restriction de g à D est alors une fonction holomorphe dans D telle que $|g(x)| \to +\infty$ quand $x \to x_0$. Comme ceci peut être fait quel que soit $x_0 \in bD$, et que $D \subset\subset X$, D est holomorphiquement convexe.

De plus si l'on fait le quotient $R(X) = X/R$, R étant la relation d'équivalence $f(x) = f(y)$ pour toute $f \in I(X)$, R(X) est un espace de Stein et les fibres $\pi^{-1}\pi(x)$ de $\pi : X \longrightarrow X/R$, sont connexes. L'ensemble des x qui ne sont pas isolés dans $\pi^{-1}\pi(x)$ est un ensemble analytique M ($\dim M > 0$, si M n'est pas vide) ; il est compact et par suite ne peut pénétrer dans les U_i où D est défini par $p(x) < 0$, p(x) étant <u>strictement</u> plurisousharmonique, car p(x) devrait être constante sur M, ce qui contradit le caractère <u>strictement</u> plurisousharmonique.

Le quotient R(D) est alors un espace de Stein obtenu en réduisant à un point les composantes (en nombre fini) de M qui sont dans D.

<u>Partie 3</u>. - Il faut montrer que les hypothèses plus faibles du théorème I amènent les résultats précédents. On approche D par l'intérieur par des D_e croissants, ce qui correspond à l'approximation des $p_i(x)$ par des $p_i^r(x) \searrow p_i(x)$ obtenues par régularisation. Les $D'_e = R(D_e)$ forment une suite de Runge.

Le théorème III revient à établir que $\hat{K} \subset D$ pour tout compact $K \subset D$, en montrant que $\hat{K}$ ne coupe pas K_{t_0}, grâce à la résolution d'un problème de Cousin.

Il en résulte que si X est de Stein et p continue et plurisousharmonique sur X, pour tout α réel, $X_\alpha(p) = \{x \in X \mid p(x) < \alpha\}$ est de Runge dans X.

Les conditions du théorème II excluent l'existence de l'ensemble analytique M : alors D = R(D), et de plus d'après le Corollaire précédent $X_\alpha \subset X_\beta$, $\alpha < \beta$, forment une paire de Runge.

D'autre part, en sens inverse, si X est un espace de Stein, on peut construire une fonction strictement plurisousharmonique, analytique réelle sur X, de la forme $\sum f_k(x)\bar{f}_k(x)$, $f_k \in I(X)$; on a vu qu'une telle somme finie, est plurisousharmonique. On a

<u>Proposition</u> : Si X est un espace de Stein, il existe p(x) analytique réelle sur X, fortement p. s. h. telle que $\{x \in X \mid p(x) < \alpha\}$ soit relativement compact dans X pour tout α réel.

<u>Démonstration</u> : On considère une suite croissante strictement de compacts $K_p \nearrow X$, avec $\widehat{K}_p = K_p$. A chaque K_p on fait correspondre des $f_{p,1} \dots f_{p,k_p} \in I(X)$ avec $|f_{p,i}|^2 < \varepsilon_p k_p^{-1}$ sur K_p ; $\max_i |f_{p,i}| > p$ sur $K_{p+2} - K_{p+1}$.

De plus on peut trouver $\varphi_{p,1} \dots \varphi_{p,l_p} \in I(X)$ donnant une application φ_p biunivoque et propre d'un voisinage G_p de K_p dans le polycercle Z'_p unité d'un C^{l_p}. On suppose $\overline{G}_p \subset K_{p+1}$ et on pose :

$$g_p = \sum_i |f_{p,i}|^2 + \sum_j \frac{\varepsilon_p}{l_p} |\varphi_{p,j}|^2$$

$$l(x) = \sum_1^{\infty} g_p(x).$$

On a $g_p < 2\varepsilon_p$ sur K_p, $g_p > p$ sur $K_{p+2} - K_{p+1}$, ce qui assure la convergence sur tout compact de X si $\sum \varepsilon_p < \infty$, ce qu'on supposera.

De plus $\{f(x) < m\} \subset K_{m+1}$ est relativement compact. Enfin pour chaque p, on peut trouver un polycercle Z_p, $|z_i| < p < 1$, intérieur au polycercle unité de C^{l_p}, de manière que $[Z_p \cap \varphi_p(G_p)] \supset K_p$. Il existe une constante c_p telle que l'extension F d'une fonction f holomorphe sur $\varphi_p(G_p)$ à Z'_p vérifie

$$M_F < c_p m_f$$

où $M_F = \sup |F|$ dans Z_p et $m_f = \sup |f|$ sur le sous ensemble analytique $\varphi_p(G_p) \subset Z'_p$. Alors g_q pour $q > p$ est la restriction à

$\varphi_p(G_p)$ d'une somme $\sum_\nu |F^{\nu,q}|^2$, les $F^{\nu,q}$ étant holomorphes dans Z'_p et la somme bornée par $2\,\varepsilon_q c_p$ sur Z_p. On en déduit que $\sum F^{\nu,q}(z)\,\overline{F^{\nu,q}(\zeta)}$ est holomorphe de z et ζ dans $Z_p \times Z_p$; pour $z = \zeta$, $\sum_{q>p} g_q$ est analytique réelle sur $\hat{K}_p$ et elle est strictement plurisousharmonique car g_p est la restriction à $\varphi(G_p)$ d'une fonction de la forme $\sum a\,|z_i|^2 + \sum |\psi_j|^2$ où $a > 0$, où la première somme contient toutes les coordonnées z_i du C^{l_p} utilisé, ce qui assure que déjà g_p est strictement plurisousharmonique sur G_p.

L'énoncé de K. Oka, (théorème IV) est une conséquence immédiate du théorème II : si D est P-convexe dans C^n, $-\log \delta(z)$ est plurisousharmonique dans D, et est continue : $p(z) = \sup\left[-\log \delta(z), \sum_1^n |z_k|^2\right]$ est bien telle que $\{z \in D \mid p(z) \leq \alpha\} = D_\alpha$ soit compact dans C^n et fermé dans D ; $\sum_1^n |z_k|^2$ est strictement plurisousharmonique, donc (théorème II), D est de Stein, donc un domaine d'holomorphie.

3. - Les fonctions plurisousharmoniques, enveloppes supérieures de fonctions du type a(f) log |f|, f holomorphe.

1. Nous indiquerons ici quelques conséquences du théorème de K. Oka, en nous plaçant dans un domaine D de C^n, convexe par rapport aux fonctions plurisousharmoniques (donc aussi holomorphiquement convexe d'après le théorème de K. Oka).

Si $V(z)$ est une fonction plurisosharmonique dans un tel domaine, le domaine Δ défini dans C^{n+1} par

$$S(z_1, \dots, z_{n+1}) = \log |z_{n+1}| + V(z_1, \dots, z_n) < 0$$

est aussi P-convexe car S est plurisousharmonique dans $D \times C^1(z_{n+1})$. Donc Δ est le domaine d'holomorphie d'une fonction $F(z_1, \dots, z_{n+1})$; en écrivant le développement de Hartogs ,

$$F(z_1, \dots, z_{n+1}) = \sum_0^{\infty} z_{n+1}^p \; A_p(z_1, \dots, z_n)$$

on constate que :

$V_p = \frac{1}{p!} \log |A_p(z)|$ est une famille F de fonctions plurisousharmoniques dans D . Si l'on construit $W = \lim_p \sup V_p(z)$, on a (en posant $W^* = \text{reg sup } W$, cf. Chapitre 2)

$$W^*(z) = V(z) \;, \qquad z \in D$$

On en déduit :

<u>Proposition 1</u>. - Dans un domaine P-convexe de C^n, toute fonction plurisousharmonique V est la lim. sup. régularisée d'une suite de fonctions plurisousharmoniques de la classe <u>restreinte</u>

$$V = a(f) \log |f(z)|$$

f(z) étant holomorphe dans D et a(f) $>$ 0.

2. Il est clair que si D n'est pas un domaine d'holomorphie, une fonction construite par le procédé précédent à partir d'une suite

$$V_k = a_k \log |f_k| , \qquad a_k > 0$$

se prolongera (par le procédé) dans l'enveloppe d'holomorphie H(D) de D, les f_k s'y prolongeant, ainsi que les V_k qui forment encore une famille $\mathcal{F}$ dans H(D).

Par contre si dans $R^n \{x_1 \ldots x_n\}$ espace des parties réelles (x_k) des (z_k), on se donne un domaine d non convexe et une fonction $V(x_1, \ldots, x_n)$ convexe, mais non prolongeable comme fonction convexe dans l'enveloppe de convexité d_c, V(x) est une fonction plurisousharmonique dans le tube T défini par

$$(R\, z_k) \in d, \qquad \text{(de R = partie réelle)}.$$

L'enveloppe d'holomorphie de T est $T(d_c)$, et si V était susceptible d'être construite selon la Proposition 1 dans T(d), elle se prolongerait en une fonction plurisousharmonique V(z) bornée supérieurement sur tout tube T (d'), $d' \subset\subset d_c$. Alors $V'(z) = \sup_t V(z+it)$ réaliserait un prolongement convexe de V(x) dans d_c, contrairement à l'hypothèse : un exemple particulier d'une telle construction a été donné dans [1b].

3. Supposons V(z) plurisousharmonique et continue dans un domaine d'holomorphie de C^n. Sur un compact $K \subset D$ le procédé constructif précédent

$$\begin{cases} W(z) = \limsup V_n(z), & V_n(z) = a_n \log |f_n|, \quad a_n > 0 \\ W^*(z) = V(z) \end{cases}$$

nous fournit un résultat particulier par application d'un théorème énoncé au Chapitre 2 : $\varepsilon > 0$ étant donné, on aura $V_n(z) < W^*_{+\varepsilon} = V + \varepsilon$ pour $z \in K$, $n > N$.

D'autre part on a $W = W^*$ sur un ensemble partout dense et en un point z où $W(z) = W^*(z) = V(z)$, il existe une fonction V_n telle qu'on ait

$$V(z) - \frac{\varepsilon}{2} \leq V_n(z) \leq V(z) + \frac{\varepsilon}{2}$$

Il existe alors un voisinage ouvert U de z dans lequel on a encore pour $z' \in U$

$$|V(z') - V_n(z')| < \varepsilon$$

et l'on peut recrouvrir K avec un nombre fini de tels ouverts U_i ; à chacun d'eux on aura fait correspondre une fonction $V_{n_i} = a_i \log |f_i|$. Finalement on aura :

<u>Proposition 2</u>. - Si V(z) est plurisousharmonique et continue dans un domaine D, P-convexe, à tout compact $K \subset D$ et à tout $\varepsilon > 0$ correspond un ensemble fini $\{a_i > 0, f_i\}$, f_i holomorphe dans D, tel qu'on ait

$$\left| V(z) - \sup_i \{a_i \log |f_i(z)|\} \right| < \varepsilon \quad , \quad z \in K.$$

Il est équivalent de dire que : pour une telle fonction V(z) il existe, $\varepsilon > 0$ et $K \subset D$ étant donné, une fonction $\psi(z) \doteq \sup_i \{ a_i' \log |f_i'(z)| \}$ $i = 1 \dots N$, telle qu'on ait pour $z \in K$,

$$V(z) - \varepsilon < \psi(z) < V(z)$$

Enveloppes $\hat{K}_H(D)$ et $\hat{K}_P(D)$. Si K est un compact dans un domaine D du type précédent (on suppose que D est P-convexe, c'est-à-dire aussi holomorphiquement convexe), construisons

$$\hat{K}_H(D) = \{ x \in D \,|\, |f(x)| \leq \sup_{y \in K} |f(y)| \quad , \text{ pour toute f holomorphe dans D} \}$$

$$\hat{K}_P(D) = \{ x \in D \,|\, V(x) \leq \sup_{y \in k} K(y) \text{ , pour toute V p. s. h. dans D} \}$$

et enfin $\hat{K}_{PC}$ (D) où l'on considère seulement les fonctions plurisousharmoniques continues dans D. On a, puisque $\log |f(x)|$ est une fonction p.s.h. continue, si f est holomorphe :

$$K \subset \hat{K}_P(D) \subset \hat{K}_{PC}(D) \subset \hat{K}_H(D) \subset\subset D \quad . \tag{1}$$

Mais la Proposition 2 appliquée au compact $\hat{K}_H \subset D$ entraine

$$\hat{K}_{PC}(D) = \hat{K}_H(D) \quad . \tag{2}$$

D'autre part $\hat{K}_H(D)$ étant compact dans D, il existe un ouvert U tel qu'on ait : $\hat{K}_H(D) \subset U \subset\subset D$ et en opérant comme au § 2 précédent, on construit au moyen d'un nombre fini de $f_j(x)$ holomorphes dans D, un domaine $D' \subset\subset D$, de Runge, à partir de $\Omega = \left\{ x \in D \mid \sup |f_j(x)| < 1 \right\}$; $|f_j(x_0)| > 1$ en un point $x_0 \in b\bar{U}$ et au voisinage de x_0. Ω à une composante connexe $D' \subset U \subset\subset D$ qui est un domaine de Runge. On a alors:

$$\hat{K}_H(D) = \hat{K}_H(D'). \tag{3}$$

Enfin toute fonction V plurisousharmonique peut être approchée dans D' par les $V_\rho = V * \alpha_\rho$ pour ρ assez petit; si $\sup_{y \in K} V(y) = A$, on a $V(x) < A + \varepsilon$ sur un voisinage ouvert $U(K)$, donc $V_\rho(x) \quad A + \varepsilon$ pour $\rho < \rho_0$. Donc $\sup_k V_\rho(x)$ tend vers $\sup_k V(x)$ quand $\rho \to 0$. Dans ces conditions, $x_1 \notin \hat{K}_P(D)$ entraine $x_1 \notin K_{PC}(D')$. On a donc

$$K_{PC}(D') \subset K_P(D).$$

Finalement on a

$$\hat{K}_H(D') = \hat{K}_{PC}(D') \subset \hat{K}_P(D) \subset \hat{K}_H(D)$$

et (3) entraine

$$\hat{K}_H(D) = \hat{K}_P(D).$$

et l'énoncé :

<u>Proposition 3</u>. - Si K est un compact dans un domaine P-convexe (c'est-à-dire, aussi holomorphiquement convexe) de C^n, ses enveloppes de convexité par rapport aux fonctions holomorphes et aux fonctions

plurisousharmoniques dans D sont les mêmes.

Bibliographie

[1.] H.J. Bremermann - a) Die Charakterisierung von Regularitätsgebieten, Thèse Münster 1951,

b) On the conjecture of the equivalence of the plurisubharmonic functions and the Hartogs functions, Math. Annalen, t. 131, (1956).

[2.] P. Lelong - a) La convexité et les fonctions analytiques de plusieurs variables, Journal de Math. t.31, 1951, p. 191-219,

b) Domaines convexes par rapport aux fonctions plurisousharmoniques, Journal d'Analyse de Jérusalem, 1952, t. II, p. 178-208.

[3.] R. Narasimhan - a) The Levi's problem for complex spaces, I. Math. Annalen t. 142 (1961), p. 355-365,

b) II Ibidem t. 146, (1962) p. 355-365.

[4.] F. Norguet - a) Problème de Lévi et plongement des variétés analytiques réelles, Sém. Bourbaki n. 173 1958-1959.,

b) Sur les domaines d'holomorphie, Bull. Soc. Math. de France t. 82, 1954 p. 137-159.,

c) Un théorème de finitude pour la cohomologie

des faisceaux, Atti Acc. Naz. dei Lincei 8, t. 31, 1961, p. 222 ,

d) Séminaire d'Analyse, 1962, Insitut Henri Poincaré, Exposé n. 6 .

[5.] K. Oka - a) Sur les fonctions analytiques de plusieurs variables, VI , Tohoku Math. J. t. 49, 1942 ,

b) IX - Domaines finis sans point critique intérieur, Japan J. Math. t. 23, 1953, p. 97-155.

[6.] H. Grauert - On Levi's problem, Ann. of Math. t. 68, 1958.

P. Lelong

Chapitre IV

1. ELEMENTS POSITIFS D'UNE ALGEBRE EXTERIEURE COMPLEXE AVEC INVOLUTION

1. Introduction.

L'étude des fonctions analytiques de $n > 1$ variables complexes, plus généralement celle des structures complexes, fait intervenir des formes homogènes du type (1, 1) :

$$(1) \qquad t = i \sum_{p,q} t_{p,q}\, dz_p \wedge d\bar{z}_q , \qquad p,q = 1,\ldots,n$$

avec la condition $\sum t_{p,q} h_p \bar{h}_q \geq 0$, pour tout vecteur $\vec{h} = (h_k)$ complexe. Rappelons qu'à une fonction V (à valeurs réelles) plurisous-harmonique est attachée une mesure

$$(2) \qquad \delta(V, \vec{h}) = \sum_{p,q} \frac{\partial^2 V}{\partial z_p \partial \bar{z}_q} h_p \bar{h}_q$$

positive pour tout $\vec{h}$. On préférera interpréter la condition sur la forme extérieure t correspondante, obtenue en remplaçant $h_p \bar{h}_q$ par $i dz_p \wedge d\bar{z}_q$. Elle s'écrit $t = i d_z d_{\bar{z}} V$, et est dans ce cas une forme généralisée (ou courant, au sens de G. de Rham). On est conduit ainsi à la notion de forme positive de degré 1 relativement à l'algèbre extérieure $E_{2n}(dz, d\bar{z})$. La notion s'étend au degré p, $0 \leq p \leq n$. Les formes positives de degré p sont de type (p, p) et forment un cône convexe E^p_+. D'autre part, les coefficients peuvent être pris dans un espace vectoriel (cas des courants) ou dans un anneau (par exemple celui des fonctions continues). Dans ce dernier cas, un monôme, produit (extérieur) de q formes positives de degré 1, est encore une forme positive; on obtiendra un cône positif dont les éléments sont multipliables.

2. Eléments positifs.

Plaçons-nous d'abord dans le cas d'une algèbre extérieure complexe E_{2n} sur le corps K des constantes complexes, avec l'involution $a \to \bar{a}$ qui se ramène à la conjugaison sur K. On considérera une base autoconjuguée ($\omega_1, \ldots, \omega_n, \bar{\omega}_1, \ldots, \bar{\omega}_n$) ; les bases ($\omega'_1, \ldots, \omega'_n, \bar{\omega}'_1, \ldots, \bar{\omega}'_n$) déduites de la première par une transformation (T)

$$\omega'_k = \sum_j c^j_k \omega_j \; ; \qquad \bar{\omega}'_k = \sum \bar{c}^j_k \bar{\omega}_j \qquad c^j_k \in K, \tag{3}$$

qui permute avec la conjugaison, seront dites permises; les transformations (T) forment un groupe G. Par définition les éléments positifs de E_{2n}, de degré zéro, sont les constantes réelles positives $a \in R^+$. On considèrera de plus une forme fondamentale

$$\tau_n = c(i\omega_1 \wedge \bar{\omega}_1) \quad \ldots \quad (i\omega_n \wedge \bar{\omega}_n) \text{ avec } c \in R^+ . \tag{4}$$

Le passage à toute autre base permise $(\omega', \bar{\omega}')$ remplace c par c' dans (4), et l'on a encore $c' \in R^+$. On appelle linéaire pour tout élément $\alpha \in E_{2n}$ qui s'écrit $\alpha = \sum a_k \omega_k$, $a_k \in K$.

<u>Définition</u>. - Un élément $\varphi \in E_{2n}$ sera dit positif, de degré p, $0 \leq p \leq n$, si

a. il est homogène de type (p, p),

b. pour tout système $L^{n-p} = (\alpha_1, \ldots, \alpha_{n-p})$ d'éléments linéaires purs, on a

$$\varphi \wedge (i\alpha_1 \wedge \bar{\alpha}_1) \wedge \ldots \wedge (i\alpha_{n_p} \wedge \bar{\alpha}_{n_p}) = \ell(\varphi, L^{n-p}) \tau_n \tag{5}$$

avec $\ell(\varphi, L^{n-p}) \in R^+$.

<u>Conséquences</u> :

1° L'ensemble E_+^p des éléments positifs de degré p est un cône convexe saillant, car $h_1 > 0$, $h_2 > 0$ entraine, si $\varphi_1 \in E_+^p$, et $\varphi_2 \in E_+^p$:

$$h_1 \varphi_1 + h_2 \varphi_2 \in E_+^p .$$

On a

$$E_+^n = \{a \, \tau_n\}, \quad a \in R^+.$$

On pose

$$E_+ = \sum_0^n E_+^p .$$

2° Pour que φ appartienne à E^1_+ il faut et il suffit qu'il existe une base permise ($\omega, \bar{\omega}$) dans laquelle φ s'exprime par

$$(6) \qquad \varphi = i \sum_1^q s_j \omega_j \wedge \bar{\omega}_j , \qquad 1 \leqslant q \leqslant n, \; s_j \in R^+ .$$

3° Pour la suite, remarquons que si dans (5) φ est fixé, et si l'on fait varier le système $L^{n-p}(\alpha_1, \ldots, \alpha_{n-p}, \bar{\alpha}_1, \ldots, \bar{\alpha}_{n-p})$, on obtient une fonction d'un 2(n-p)-vecteur L^{n-p}, autoconjugué, notée $\ell(\varphi, L^{n-p})$; cette application est injective. On le voit en écrivant (5) pour un ensemble $\Lambda = \{L_1^{n-p}, \ldots, L_N^{n-p}\}$ de systèmes L_s^{n-p}, $N = (C_n^p)^2$ étant le nombre de coefficients $\varphi_{(i),(\bar{j})}$ de φ dans l'écriture par rapport à la base ($\omega, \bar{\omega}$), si φ est de type (p, p). Si l'on explicite les éléments $\alpha_{k,s}$ d'un L_s^{n-p} :

$$\alpha_{k,s} = \sum a^j_{k,s} \omega_j , \qquad k = 1, \ldots, n-p ; \quad s = 1, \ldots, N .$$

On détermine les coefficients $\varphi_{(i),(j)} = \varphi_{i_1 \ldots i_p j_1 \ldots j_p}$ de φ par le système des équations (5) à condition que le système soit régulier. Considérons d'abord le déterminant

$$h_s^{(j')} = \| a^j_{k,s} \| , \qquad j \in (j'), \quad k = 1, \ldots, n-p$$

(j') désignant la combinaison complémentiare de (j). Le système qui determine les $\varphi_{(i),(j)}$ est régulier si $\Delta \neq 0$ où Δ est le déterminant d'ordre N :

$$(7) \qquad \Delta = \left\| h_s^{(i')} \overline{h}_s^{(j')} (-1)^{I+J} \right\| \begin{matrix} (i')\times(j') \\ s = 1,\dots,N \end{matrix}$$

(i') et (j') parcourant les combinaisons C_n^{n-p} ; I est la signature de la permutation $[(i), (i')]$ par rapport à $[1,\dots,n]$. Si l'on explicite les parties réelles et imaginaires des $a_{k,s}^j$:

$$a_{k,s}^j = a'^j_{k,s} + ia''^j_{k,s} ,$$

on obtient pour Δ le produit par une constante non nulle d'un polynôme $P\left[a'^j_{k,s}, a''^j_{k,s}\right]$ à coefficients réels, non identiquement nul. Si l'on pose

$$N_1 = N(n-p)n ,$$

dans l'espace R^{2N_1} des $(a'^j_{k,s}, a''^j_{k,s})$ les points représentatifs des ensembles Λ non réguliers forment une variété algébrique de dimension $2N_1 - 1$, soit W . Il en résulte que dans tout ouvert de R^{2N_1} , il y a des points représentatifs de systèmes Λ non dégénérés; ce résultat est utilisé dans [4] . Si l'on considère les $\ell(\varphi, L_s^{n-p})$ relatifs à φ et aux L_s^{n-p} d'un système régulier

$$\Lambda = \left\{ L_1^{n-p},\dots,L_N^{n-p} \right\} ,$$

les N nombres complexes $\ell(\varphi, L_s^{n-p})$ déterminent φ ; si $\varphi \in E_p^+$, ces N nombres sont positifs. Il en résulte :

Proposition 1. - Tout élément positif est autoconjugué.

En effet dans (5) si l'on pense aux conjugués, on aura

$$\ell(\varphi, L_s^{n-p}) = \ell(\bar{\varphi}, L_s^{n-p}) \text{ pour tout } L_s^{n-p} \in \Lambda .$$

D'où $\varphi \equiv \bar{\varphi}$, Λ étant choisi régulier.

Proposition 2. - Si $\varphi_k \in E_+^p$ et si $\sum_1^m \varphi_k = 0$ on a $\varphi_k = 0$ pour tout k.

En effet $\ell(\varphi_k, L_s^{n-p}) = 0$ entraine $\ell(\varphi_k, L_s^{n-p}) = 0$ pour tout $L_s^{n-p} \in \Lambda$.

Multiplication. - La parité du degré total entraine $\varphi \wedge \psi = \psi \wedge \varphi$ entre éléments positifs. De plus :

Proposition 3. - Si $\varphi \in E_+^p$, $\psi \in E_+^1$, on a $\varphi \wedge \psi \in E^{p+1}$.

Il suffit d'après (2°) de l'établir pour $\psi = i\omega \wedge \bar{\omega}$, ω forme linéaire pure; comme φ est positive, écrivons (5) en choisissant $\alpha_1 = \omega$, $\alpha_2, \dots, \alpha_{n-p}$ quelconques, linéaires purs. On a

$$\ell(\varphi \wedge \psi, L^{n-p-1}) = \ell(\varphi, L^{n-p}) \geqslant 0 ,$$

où $L^{n-p-1} = \{\alpha_2, \dots, \alpha_{n-p}\}$.

Eléments positifs décomposables. - Un élément positif $\varphi \in E_+^p$ sera dit décomposable s'il est de la forme

(8) $\varphi = (i\alpha_1 \wedge \bar{\alpha}_1) \wedge \ldots \wedge (i\alpha_p \wedge \bar{\alpha}_p)$, α_k linéaires purs.

Si φ est décomposable, il en est de même de $c\varphi$, c constante positive. Les éléments décomposables de degré p engendrent un cône positif saillant $P^p \in E_+^p$; P^p est aussi le cône engendré à partir des monômes produits de p éléments de E_+^1. Le cône $P = \sum_0^n P^p$ admet une structure d'algèbre commutative ; si $\theta_1 \in P^p$ et si $\theta_2 \in P^q$, on a

$$\theta_1 \wedge \theta = \theta_2 \wedge \theta_1 \in P^{p+q}, \qquad (p+q \leq n) .$$

Signalons ici deux problèmes :

A. $P \subset E_+$ est-il un vrai sous-ensemble de l'ensemble E_+ des éléments positifs de E_{2n} ? Autrement dit, existe-t-il des éléments φ (positifs de degré $p \geq 2$), qui ne sont pas des combinaisons linéaires finies, à coefficients positifs de monômes de la forme (8)? On a vu qu'on a $P^1 = E_+^1$.

B. Le produit $\varphi \wedge \psi$, où $\varphi \in E_+^p$, $\psi \in E_+^q$, $2 \leq p$, $q \leq n$, peut-il être un élément non positif? La question n'est à chercher que si $P \neq E_+$, puisque pour deux éléments respectivement de P^p et de P^q, le produit appartient à P^{p+q}.

Remarquons qu'à un élément $\varphi \in E_+^1$ on peut faire correspondre un espace vectoriel $E(\varphi)$ autoconjugué, d'une manière unique; il suffit d'exprimer

$$\varphi = i \sum_{1}^{q} s_k \, g_k \wedge \bar{g}_k \, , \qquad s_k > 0 \, ,$$

les g_k étant indépendants. $E(\varphi)$ est sous-tendu par les g_k et les $\bar{g}_k$; $E(\varphi)$ est de dimension 2q , q étant déterminé par les conditions $\varphi^{q+1} = 0$, $\varphi^q \neq 0$; φ^q détermine $E(\varphi)$. On dira que l'élément φ appartient à l'espace vectoriel $E(\varphi)$.

Division. Soit φ un élément de E_+^p, écrit dans une base $(\omega_k, \bar{\omega}_k)$; si l'on a

$$(8') \qquad \varphi = a \wedge (i\omega_1 \wedge \bar{\omega}_1) + b \wedge \omega_1 + b' \wedge \bar{\omega}_1 + c$$

où a, b, c ne contiennent ni ω_1, ni $\bar{\omega}_1$, a et c sont des éléments positifs. On a $b = \bar{b}'$. Si de plus on a $c = 0$, alors on a aussi $b = b' = 0$. Il en résulte que si $\varphi \in E_+^p$ vérifie $\varphi \wedge i\omega_1 \wedge \bar{\omega}_1 = 0$, φ est divisible par $i\omega_1 \wedge \bar{\omega}_1$ et le quotient peut être choisi dans E_+^{p-1} : les éléments positifs ont ainsi des propriétés de divisibilité particulières.

Proposition 4. Si $\varphi_1, \ldots, \varphi_p$ sont des éléments positifs de degré 1, pour que l'on ait

$$(9) \qquad \varphi_1 \wedge \varphi_2 \wedge \ldots \wedge \varphi_p = 0$$

il faut et il suffit qu'il existe q, $1 \leq q \leq p$, de manière que q éléments φ_k appartiennent à un même espace, de dimension complexe q-1, engendré par des formes linéaires pures et leurs conjuguées

$$\left\{ \gamma_1, \ldots, \gamma_{q-1}, \bar{\gamma}_1, \ldots, \bar{\gamma}_{q-1} \right\} .$$

La condition suffisante étant évidente, indiquons comment s'établit la condition nécessaire. On procède par récurrence sur p, le cas p = 1 étant évident, et tout revient à montrer que si $\varphi_{i_1} \wedge \varphi_{i_2} \wedge \ldots \wedge \varphi_{i_{p-1}} \neq 0$ pour tout groupe de p - 1 éléments, (9) entraine l'existence d'un système

$$E_{p-1} : \left\{ \gamma_1, \ldots, \gamma_{p-1}, \bar{\gamma}_1, \ldots, \bar{\gamma}_{p-1} \right\}$$

dans lequel s'expriment $\varphi_1, \ldots, \varphi_p$.

On partira des représentations

$$(9') \qquad \varphi_k = i \sum s_k^j \; g_{kj} \wedge \bar{g}_{kj} , \qquad\qquad s_k^j > 0, \quad j = 1, \ldots, n_k < n$$

des φ_k, les g_{kj} étant linéaires pures.

Si l'on exprime alors $\varphi_1 \wedge \ldots \wedge \varphi_p = 0$ à partir de (9') on obtient au premier membre une somme de monômes dont chacun appartient à E_+^p ; chaque terme de la somme est donc nul, ce qui donne

$$G_{(j)} = g_{1j_1} \wedge g_{2j_2} \wedge \ldots \wedge g_{pj_p} = 0$$

pour tout $(j) = (j_1, \ldots, j_p)$.

On a $\varphi_1 \neq 0$, donc $s_1^1 \neq 0$, $g_{11} \neq 0$ et l'on peut choisir une base pour laquelle $\omega_1 = g_{11}$. On aura alors :

$$\varphi_1 = is_1^1\, \omega_1 \wedge \bar{\omega}_1 + \varphi_1' \qquad s_1^1 > 0$$

$$\varphi_k = \varphi''_k + \varphi'_k\,, \qquad 2 \leqslant k \leqslant n$$

en désignant par φ''_k l'ensemble des termes contenant au moins ω_1 ou $\bar{\omega}_1$. On a alors $\varphi_1^1 \in E_+^1$, $\varphi'_k \in E_+^1$. Alors en exprimant (9), il vient

$$\left[i\, s_1^1\, \omega_1 \wedge \bar{\omega}_1 \wedge \varphi'_2 \wedge \ldots \wedge \varphi'_p\right] + \left[\varphi'_1 \wedge \varphi_2 \wedge \ldots \wedge \varphi_p\right] = 0.$$

Chacun des deux crochets est un élément de E_+^p, donc est nul, ce qui entraine

$$\varphi'_2 \wedge \ldots \wedge \varphi'_p = 0$$

On a $\varphi'_k \in E_+^1$, $2 \leqslant k \leqslant p$, et le théorème admis pour p-1 entraine l'existence d'un système $\left\{\gamma'_2, \ldots, \gamma'_{p-1}, \bar{\gamma}'_2, \ldots, \bar{\gamma}'_{p-1}\right\}$ permettant d'exprimer les φ'_k, $2 \leqslant k \leqslant p$. Les γ'_k sont indépendantes sinon on aurait $\varphi_2 \wedge \ldots \wedge \varphi_p = 0$, et les γ'_k sont des formes linéaires pures déterminant un espace E(p-2) de dimension complexe p-2. Dans ces conditions, $E_0(p-1) = \left\{\omega_1, \gamma'_1, \ldots, \gamma'_{p-1}\right\}$, est de dimension p-1 et contient les $E(\varphi_k)$, $2 \leqslant k \leqslant p$.

Choisissons alors dans $E(\varphi_2), \ldots, E(\varphi_p)$ des éléments linéaires purs $g'_{21}, \ldots, g'_{p1}$ linéairement indépendants, déterminant $E_0(p-1)$, ce qui est possible, si non on aurait $\varphi_2 \wedge \ldots \wedge \varphi_p = 0$. On écrira :

$$\varphi_k = i\, s_k^1\, g'_{k,1} \wedge g'_{k1} + \psi_k, \quad \psi_k \in E^1 \quad .$$

La nullité des produits

$$G_j = g_{1j} \wedge \ldots \wedge g'_{p1}$$

pour tout j montre alors que tout élément linéaire pur qui intervient dans la représentation

$$\varphi_1 = i \sum s_1^j\, g_{1j} \wedge \bar{g}_{1j}$$

appartient à E_0 (p-1). Ainsi $E(\varphi_1) \subset E_0(p-1)$ ce qui établit la proposition

Interprétation géométrique. Il est commode d'utiliser les calculs de l'adjointe et la dualité. On note $\omega_p = dz_p$ et on fait jouer un rôle particulier aux transformations unitaires de $G_u \subset G$ qui conservent la "forme fondamentale"

$$\tau_u = \left(\frac{i}{2}\right)^n dz_1 \wedge d\bar{z}_1 \wedge \ldots \wedge dz_u \wedge d\bar{z}_u \; .$$

(On rappelle que le calcul de l'adjointe s'opère selon des formules classiques en géométrie différentielle réelle, par rapport aux "paramètres" $d\zeta_k = \dfrac{dz_n}{\sqrt{2}}$, $d\zeta_{k+n} = \dfrac{d\bar{z}_k}{\sqrt{2}}$; on écrit

$$ds^2 = \sum g_{pq}\, d\zeta_p\, d\zeta_q, \qquad 1 \leqslant p \leqslant 2n, \; 1 \leqslant q \leqslant 2n,$$

où $g_{pq} = 0$ sauf si p-q est congru à n modulo 2n, auquel cas on a $g_{pq}=1$).

On pose

$$\beta = \frac{i}{2} \sum_{1}^{n} dz_k \wedge d\bar{z}_k = \frac{i}{2} d_z d_{\bar{z}} \sum_{1}^{n} z_k \bar{z}_k$$

β est une forme positive; il en est de même de β^p ; on a $\tau_n = \frac{1}{n!} \beta^n$. A un sous-espace vectoriel L^p, à p dimension complexes, défini par

(10 a) $$z_s = \sum_{1}^{p} a_s^j u_j \quad ,$$

on associe des paramètres plückériens complexes

$$h_{(s)} = \frac{D(z_{s_1}, \dots, z_{s_p})}{D(u_1, \dots, u_p)} = \left\| a_s^j \right\| \begin{matrix} j=1,\dots,p \\ s \in (s) \end{matrix}$$

les $h_{(s)}$ seront dits unitaires si (10 a) se prolonge en une transformation unitaire de $C^n(u)$ dans $C^n(z)$. A L^p on associe la forme $\tau(L^p)$ définie par

$$\tau(L^p) = \left(\frac{i}{2}\right)^p du_1 \wedge d\bar{u}_1 \dots du_p \wedge d\bar{u}_p$$

$$= \left(\frac{i}{2}\right)^p (-1)^{p(p-1)/2} \sum_{(s),(t)} h^{(s)} \bar{h}^{(t)} dz_{s_1} \wedge \dots \wedge dz_{s_p} \wedge d\bar{z}_{t_1} \dots \wedge d\bar{z}_{t_p}$$

avec $h^{(s)} = \bar{h}_{(s)}$. L'application $L^p \to \tau(L^p)$ est bien déterminée : un changement unitaire $z_k \to z_k'$ commute avec elle et l'on obtient $\tau(L^p)$ en substituant les z_k' aux z_k dans l'expression obtenue. D'autre part si L^{n-p} est le sous-espace orthogonal, on a

$$\tau(L^{n-p}) = {}^*\tau(L^p)$$

en désignant par ${}^*\varphi$ l'adjoint de φ . On rappelle que l'adjonction est un opérateur linéaire, défini par rapport à la métrique (donc permutable avec les transformations unitaires) et vérifiant

$${}^*1 = \tau_n , \qquad \alpha \wedge {}^*\beta = \beta \wedge {}^*\alpha.$$

Pour un monôme

$$\varphi = dz_{i_1} \wedge \ldots \wedge dz_{i_p} \wedge d\bar{z}_{j_1} \wedge \ldots \wedge d\bar{z}_{j_q} ,$$

on a

$${}^*\varphi = 2^{p+q-n}\, i^n\, (-1)^{I+J+np}\, dz_{j_{q+1}} \wedge \ldots \wedge dz_{j_n} \wedge d\bar{z}_{i_{p+1}} \wedge \ldots \wedge d\bar{z}_{i_n}$$

dans la métrique euclidienne. On a noté I la parité de $[i_1, \ldots, i_p, i_{p+1}, \ldots, i_n]$ On n'utilise ici que des propriétés algébriques de l'opérateur $\varphi \to {}^*\varphi$, sans faire intervenir la différentiation, de sorte qu'on peut toujours se ramener à une métrique du type

$$ds^2 = \sum_1^n dz_k\, d\bar{z}_k .$$

<u>Proposition 5</u>. - Si $\varphi \in E_+^p$, on a ${}^*\varphi \in E_+^{n-p}$.

En effet ${}^*\varphi$ est bien du type (n-p, n-p) ; de plus soit

$$\sigma = i\,\alpha_1 \wedge \bar{\alpha}_1 \wedge \ldots \wedge i\,\alpha_p \wedge \bar{\alpha}_p ,$$

les α étant linéaires purs et indépendants; soit B^{n-p} le sous-espace défini par $\alpha_k = \bar{\alpha}_k = 0$, $1 \leqslant k \leqslant p$, et soit A^p le sous-espace orthogonal ; on a

$$\sigma = |\delta|^2 \tau(A^p), \quad {}^*\sigma = |\delta|^2\, \tau(B^{n-p})$$

où δ est le déterminant des α par rapport à des coordonnées unitaires dans A^p. Il en résulte, si L^p est le système $(\alpha_1, \ldots, \alpha_p)$:

$$l({}^*\varphi, L^p)\, \tau_n = {}^*\varphi \wedge \sigma = \sigma \wedge {}^*\varphi = \varphi \wedge {}^*\sigma = \varphi \wedge \tau(B^{n-p})\, |\delta|^2$$

qui établit

$$l({}^*\varphi, L^p) \geqslant 0 \text{ pour tout } L^p .$$

<u>Remarque</u>. - A une forme $\varphi \in E_+^p$ on fera correspondre (comme dans le cas p=1) un espace vectoriel

$$E(\varphi) = \left\{ \alpha_1, \ldots, \alpha_s, \bar{\alpha}_1, \ldots, \bar{\alpha}_s \right\} ,$$

les α_k étant des formes linéaires pures telles que φ s'exprime en fonction des α_k, $\bar{\alpha}_k$, et que s soit minimum. Si

$$\dim E(\varphi) = 2s < 2n \quad ,$$

on pourra trouver une base $(\alpha'_1, \dots, \alpha'_n, \bar{\alpha}'_1, \dots, \bar{\alpha}'_n)$ déduite par une transformation unitaire de $(\omega, \bar{\omega})$, et telle que

$$\left\{\alpha'_1, \dots, \alpha'_s, \bar{\alpha}'_1, \dots, \bar{\alpha}'_s\right\} = E(\varphi) .$$

Alors on a

$$\text{(10 b)} \qquad {}^*\varphi = (i\alpha'_{s+1} \wedge \bar{\alpha}'_{s+1}) \wedge \dots \wedge (i\alpha'_n \wedge \bar{\alpha}'_n) \wedge \varphi_1$$

où φ_1 ne contient que les α' et $\bar{\alpha}'$ d'indices s au plus, et réciproquement. $E(\varphi)$ est donc encore l'orthogonal du plus grand espace autoconjugué $(\alpha'_k, \bar{\alpha}'_k)$ tel que la divisibilité (10 b) ait lieu.

__Division.__ - Pour l'étude de la division, on utilisera l'algorithme donné par l'adjonction :

__Proposition 6.__ - __Si__ $\varphi \in E^p_+$ __et__ $\psi \in E^1_+$, __avec__ $\psi^q \neq 0$, $\psi^{q+1} = 0$, __et si l'on a__ $\varphi \wedge \psi = 0$, __alors__ ψ, __ainsi que toute puissance__ ψ^m, $1 \leq m \leq q$, __divise__ φ, __et l'on a l'identité__

$$\text{(11)} \qquad \varphi = \varphi_1 \wedge \psi^q \quad .$$

On a $\varphi_1 = \varphi = 0$ si $q > p$. Le quotient φ_1 est bien déterminé par (11) sous la condition que les espaces vectoriels $E(\varphi_1)$, $E(\psi)$ n'aient pas d'élément (non nul) en commun, ou ce qui revient au même, que l'on ait ${}^*\varphi_1 \wedge \psi = 0$, ou encore $*\bar{\varphi}_1 \wedge h = 0$ pour toute forme linéaire pure vérifiant $h \wedge \psi^q = 0$; le quotient φ_1 ainsi déterminé appartient à E_+^{p-q}.

Indiquons seulement ici le principe de la démonstration : soit

$$\psi = \frac{1}{2} \sum_1^q s_k g_k \wedge \bar{g}_k , \qquad s_k > 0 ,$$

les g_k appartenant à une base unitaire de $C^n(dz)$. Alors $\varphi \wedge \psi = 0$ entraine

$$\varphi \wedge g_k \wedge \bar{g}_k = 0 \text{ pour tout } k , \quad 1 \leq k \leq q .$$

On remarque alors que si φ est écrit dans une base à laquelle appartiennent $g_1, \ldots, g_q$, sous la forme

$$(12) \qquad \varphi = t_1 \wedge (i g_1 \wedge \bar{g}_1) + t_2 \wedge g_1 + t_2' \wedge g_1' + t_3$$

t_3 ne contenant plus ni g_1, ni $\bar{g}_1$, alors on a $t_3 = 0$; mais le fait que φ est positive entraine dans (12) que l'on ait $t_1 \in E_+^{p-1}$, $t_2 = \bar{t}_2'$; $t_3 = 0$ entraine d'autre part $t_2 = t_2' = 0$, [substituer à g_1 l'expression hg_1 et remarquer que l'expression obtenue en h, $\bar{h}$ donne un résultat positif dans toute $\ell(\varphi, L^{n-p})$. Finalement $\varphi \wedge \psi = 0$ entraine

$$\varphi = t_1 \wedge i g_1 \wedge \bar{g}_1 , \qquad t_1 \in E_+^{p-1} .$$

On opère alors de proche en proche de manière à obtenir la divisibilité de φ par les produits $(i g_k \wedge \bar{g}_k)$.

Soit

$$S = s_1 \times \ldots \times s_q > 0$$

on a

$$\psi^q = S\ \tau\,(A^q)$$

où A^q est le sous-espace vectoriel de C^n associé à ψ , et l'on obtient (11) où φ_1 est déterminé par

$$* \varphi_1 = S^{-2}\, \psi^q \wedge * \varphi\ .$$

3. Formes positives à coefficients continus; courants positifs. - On obtient encore une algèbre si l'on considère les formes dont les coefficients sont pris dans l'anneau des fonctions continues sur une variété W^n à structure analytique complexe; mais avec quelques précautions évidentes, les résultats s'étendent aux formes généralisées (courants).

Définition. - Une forme différentielle sur W^n sera dite positive, de degré p, si :

1° elle est homogène de type (p , p) ,

2° ses coefficients sont des fonctions continues sur W^n ;

3° en tout point $z^0 \in W^n$, elle est une forme positive de l'algèbre extérieure $E^{2n}(dz_k, d\bar{z}_k)$, c'est-à-dire vérifie la condition (5) pour tout système L^{n-p} de formes linéaires pures $\alpha_1, \ldots, \alpha_{n-p}$.

Remarques.

1° Si l'on a sur W^n une métrique donnée par une forme hermitienne définie positive

$$\sum g_{pq}\, dz_p\, d\bar{z}_q = ds^2$$

des coordonnées locales dz_k, $d\bar{z}_k$, et si l'on pose

$$\Omega = \frac{i}{2} \sum g_{pq}\, dz_p \wedge d\bar{z}_q$$

on peut dans la condition (5) remplacer τ_n par "l'élément de volume" $\frac{1}{n!} \Omega^n$.

2° La classe des formes positives, de degré p, soit Φ^p_+ est indépendante des coordonnées locales choisies sur W.

3° On remarque qu'on a deux possibilités d'exprimer qu'une forme φ, à coefficients continus, de type (p, p) appartient à Φ^p_+ : l'une est d'écrire $\ell(\varphi; \alpha_1, \dots, \alpha_{n-p}) \geq 0$, les α_k étant linéaires pures à coefficients constants (ou plus généralement continus); il suffit alors d'écrire les conditions

$$\varphi \wedge \tau(B^{n-p}) = \ell(\varphi, B^{n-p})\, \tau_n \quad \text{avec} \quad \ell(\varphi, B^{n-p}_p) \geq 0$$

en chaque point pour tous les plans complexes B^{n-p}_p.

On peut aussi exprimer qu'en chaque point la forme φ induit sur chaque sous-espace Λ^p tangent à W, soit $dz_k = \sum a^j_k\, du_j$,

$1 \leq j \leq p$, une forme

$$\varphi = c(\varphi, \Lambda^p)\ \tau(\Lambda^p)\ ,$$

avec $c(\varphi, \Lambda^p) \geq 0$. Pour l'expression de ces conditions, il sera indifférent d'utiliser, dans l'espace tangent, la métrique induite pour celle de W^n, ou celle de l'espace euclidien C^n (dz).

Définition. - Un courant $t(\varphi)$ sera dit positif, de degré p, de dimension (complexe) n-p sur W^n si

a. il est homogène de degré (p ,p) ;

b. pour tout système $L^{n-p} = (\alpha_1, \ldots, \alpha_{n-p})$ de formes pures à coefficients constants, on a

$$t \wedge (i\, \alpha_1 \wedge \bar{\alpha}_1) \wedge \ldots \wedge (i\, \alpha_{n-p} \wedge \bar{\alpha}_{n-p}) = T(t, L^{n-p})$$

où $T(L^{n-p})$ est une distribution positive (donc une mesure positive). Il revient au même d'exprimer que pour toute $f \in \mathcal{D}(W)$ avec $f \geq 0$, on a

$$\int t \wedge (f i\, \alpha_1 \wedge \bar{\alpha}_1) \wedge \ldots \wedge i\, \alpha_{n-p} \wedge \bar{\alpha}_{n-p} \geq 0\,.$$

Remarques.

1° Pour qu'un courant soit positif, il faut et il suffit qu'il le soit localement.

2° Soient Λ^p un sous-espace de $C^n(dz_k)$ et B^{n-p} le sous-espace complémentaire :

$$(t, \Lambda^p) \to t \wedge \tau(\Lambda^p) = T(t, B^{n-p})$$

est une application qui associe à t et à tout B^{n-p} une mesure positive ; tout système non dégénéré Λ de B^{n-p}, soit $B_1^{n-p}, \ldots, B_N^{n-p}$ en nombre N, donne la possibilité de calculer les coefficients de

$$t = \sum t_{(i)(j)} dz_{i_1} \wedge \ldots \wedge dz_{i_p} \wedge d\bar{z}_{j_1} \wedge \ldots \wedge d\bar{z}_{j_p}$$

sous la forme

$$t_{(i)(j)} = \sum c^s_{(i)(j)} \, T(t, B_s^{n-p}),$$

les $c^s_{(i)(j)}$ étant des constantes complexes; les $T(t, B_s^{n-p})$ sont des mesures, donc :

<u>Proposition 7.</u> - Un courant positif t est continu d'ordre zéro: les distributions

$$T_{(i)(j)} = t_{(i)(j)} \, \tau_n$$

associées à ses coefficients sont des mesures de Radon complexes; et l'on a

$$T_{(i)(j)} = (-1)^p \, \overline{T}_{(j)(i)} \, .$$

Il en résulte qu'on pourra multiplier un courant par une forme à coefficients continus à support compact.

D'autre part les définitions entrainent :

Proposition 8. - Les classes Φ^p_+ , T^p_+ (formes positives et courants positifs) sont invariantes par un homéomorphisme analytique complexe.

Dans la suite on se bornera à l'étude de formes et de courants positifs dans des domaines de C^n . On peut envisager pour un courant $t \in T^p_+$ différentes normes dans un domaine D .

1° $N_1(t) = \sup_{\varphi} |t(\varphi)|$, pour les φ à support compact dans D , indéfiniment dérivables, vérifiant

$$N_1(\varphi) = \sup |\varphi_{(i)(j)}(z)| \leq 1 .$$

2° $N_2(t) = \sup \| T_{(i)(j)} \|$, les $T_{(i)(j)}$ étant les normes des mesures complexes associées aux coefficients $t_{(i)(j)}$ du courant t.

3° $N(t, \Lambda) = \sup_s T(t, B^{n-p}_s)$, pour les B^{n-p}_s d'un système $B^{n-p}_1, \dots, B^{n-p}_N$ régulier donné.

Ces trois normes sont équivalentes. De plus on a :

Proposition 9. - Si t est un courant positif de degré 1 ,

$$t = i \sum t_{pq} \, dz_p \wedge d\bar{z}_q$$

les mesures complexes $T_{p,q}$ associées aux coefficients t_{pq} vérifient

$$\| T_{p,q} \|_D \leq \left(\sum_k T_{kk}\right)_D . \tag{13}$$

En effet, soit f une fonction positive, indéfiniment dérivable à support compact dans D : $\sum_{p,q} T_{p,q}(f) h_p \bar{h}_q$ est positif pour tout vecteur $\vec{h}$, d'où, les T_{kk} étant des mesures positives :

$$\| T_{pq} \| \leq T_{pp} + T_{qq} \leq \sum_k T_{kk} .$$

Il en résulte que $N_1(t) \leq \sum' T_{p,q} \leq 2n \sum T_{pp}$.

Régularisation. - Plaçons-nous dans C^n ; soit $\alpha_m(z)$ une suite de noyaux continus, positifs, à support la boule $|z| \leq m^{-1}$. Alors, si $t \in T_+^p$, le courant

$$t_m = t \star \alpha_m$$

obtenu en régularisant par composition chacun des coefficients de t, appartient aussi à T_p^+ , et l'on a

$$\lim t_m(\varphi) = \lim [t \star \alpha_m] (\varphi) = t(\varphi)$$

sur toute forme continue à support compact φ .

Par régularisation à partir des énoncés précédents, on établit alors :

Théorème 1 :

a. Le produit d'une forme $\varphi \in \Phi_+^1$ par un courant $t \in T_+^p$ est un courant $t \wedge \varphi$ appartenant à T_+^{p+1} .

b. Le produit d'une forme $\varphi \in \Phi_+^p$ par un courant $t \in T_+^1$ est un courant de T_+^{p+1} .

Plus généralement, un monôme

$$\theta = \chi_1 \wedge \chi_2 \wedge \ldots \wedge \chi_h$$

est un courant positif se les χ sont des courants positifs et si les deux conditions suivantes sont vérifiées :

α . tout les χ , sauf l'un d'eux au plus, sont des formes ,

β . tout les χ , sauf l'un d'eux (au plus), sont de degré 1 .

Le théorème de division s'étend :

Théorème 2. - Soient un courant positif de degré p , $1 \leq p \leq n$, sur une variété analytique complexe W^n , et ψ une forme positive de rang q, de degré 1 , avec $\psi^q \neq 0$, $\psi^{q+1} \equiv 0$, vérifiant $t \wedge \psi = 0$. Alors ψ , ainsi que toute puissance ψ^m , $1 \leq m \leq q$, divise t , et l'on a l'identité

$$t = t_1 \wedge \psi^q \quad . \tag{14}$$

De plus t_1 est unique sous la condition d'être positif et de vérifier la condition

$$^*t_1 \wedge \psi = 0 \quad .$$

Si $q \leq p$, on a $t_1 \in T_+^{p-q}$; on a $t = t_1' = 0$ si $q > p$; enfin t_1 est donné par

$$^*t_1 = S^{-2}(z) \ \psi^q \wedge {}^*t \quad . \tag{15}$$

Il suffit d'établir le théorème localement, c'est-à-dire dans un domaine D de C^n ; on définit t_1 par (15) qui a bien un sens, car $S(z) > 0$ dans D ; de plus $t_1 \in T_+^{p-q}$ si $q \leq p$, l'adjoint d'un courant $t \in T_p^+$ appartenant à T_{n-p}^+ ; si $p < q$, on a $^*t_1 = 0$.

On établit (14) à partir de (15), si t est une forme, en appliquant la proposition 6 en chaque point. Pour passer aux courants on procède par régularisation ; on a évidemment en appelant $R_\alpha\, t = \alpha \star t$ le régularisé de t au moyen du noyau α :

$$^*(R_\alpha\, t) = R_\alpha\, (^*t) \quad .$$

Soit α_m une suite de noyaux régularisants, continus, tendant vers la mesure de Dirac. Soit $t_m = \alpha_m \star t$ et

(16) $$^*t_{1,m} = S^{-2}(z)\ \psi^q \wedge {}^*t_m \quad .$$

On a alors, d'après (14) et (15), puisqu'il n'intervient que des formes à coefficients continus

$$t_m = t_{1,m} \wedge \psi^q \quad .$$

D'autre part ψ^q étant à coefficients continus,

$$t = \lim_{m=\infty} t_m = \lim \left[t_{1,m} \wedge \psi^q\right] = \left[\lim t_{1,m}\right] \wedge \psi^q .$$

D'après (16) $\lim t_{1,m} = t_1$ existe et vérifie

$$^{*}t_1 = \lim {}^{*}t_{1,m} = S^{-2}(z)\ \psi^q \wedge \lim {}^{*}t_m = S^{-2}(z)\psi^q \wedge {}^{*}t$$

et l'on a

$$t = (\lim t_{1,m}) \wedge \psi^q = t_1 \wedge \psi^q .$$

Pour l'unicité, si l'on a

$$^{*}t_1 \wedge \psi = 0 ,$$

et si t_1 est positif, $^{*}t_1$ l'est aussi et il existe alors t_2, tel que l'on ait

$$^{*}t_1 = \psi^q \wedge t_2$$

$$^{*}t_2 = S^{-2}(z)\,\psi^q \wedge {}^{*}({}^{*}t_1) = S^{-2}(z)\,\psi^q \wedge t_1 = S^{-2}(z)\,t \quad .$$

D'où

$$t_2 = S^{-2}(z)\ {}^{*}t \quad ,$$

et d'après (17)

$$^{*}t_1 = \psi^q \wedge S^{-2}(z)\ {}^{*}t \quad ;$$

on retrouve ainsi l'expression (15).

Image d'un courant positif. - Soit $z' = f(z)$ une application propre et analytique complexe d'une variété W^n analytique complexe dans une variété W'^n analytique complexe. Soit t un courant positif sur W^n. Son image $t' = ft$ est définie par

$$t'(\varphi) = t\left[f_1 \varphi\right]$$

où $f_1 \varphi$ résulte de φ par remplacement de z' et dz' en fonction de z et dz ; t' est un courant positif.

On notera que si l'on considère deux ouverts U et U' en correspondance biunivoque par f, et deux compacts $K \subset u$, $K' \subset u'$, avec $K' = f(K)$, il existe deux constantes a, b (dépendant de K) telles que

$$a \|t\|_K \leqslant \|t'\|_{K'} \leqslant b \|t\|_K .$$

Applications. Cas des courants positifs fermés.

1° Si V est une fonction plurisousharmonique, $t = id_z d_{\bar{z}} V$ est un courant positif fermé. Réciproquement si V est une fonction localement sommable ($-\infty \leqslant V < +\infty$ en tout point), si V vérifie la condition 1_c de la Définition 1, § 1 du Chapitre 2, et si $id_z d_{\bar{z}} V \in T^1_+$, V est plurisousharmonique. De plus, si l'on se donne un courant t positif fermé de degré 1, l'équation

$$t = id_z d_{\bar{z}} V$$

admet localement une solution V plurisousharmonique.

2° Si l'on considère en particulier la fonction $V = \log |f(z)|$, où f est holomorphe, le courant associé $t = i\pi^{-1} d_z d_{\bar{z}} \log |f|$ est l'opérateur d'intégration sur le diviseur f = 0 et la mesure positive

$$\sigma = \frac{t \wedge \beta^{n-1}}{(n-1)!} \tag{18}$$

est l'aire de l'ensemble analytique f = 0. On pose

$$\beta = \frac{i}{2} \sum_k dz_k \wedge d\bar{z}_k = \frac{i}{2} dz\, d_{\bar{z}} \left[\sum z_k \bar{z}_k\right] \in \Phi_+^1$$

$$\alpha = \frac{i}{2} d_z d_{\bar{z}} \log \sum z_k \bar{z}_k \in \Phi_+^1 \quad \text{dans } C^n - 0 .$$

Le résultat (18) remonte à H. Poincaré (pour la formulation actuelle, voir Kodaira [3]).

Courants positifs fermés. - A un courant t positif, fermé de degré n-p, $t \in T_+^{n-p}$, associons les courants de degré maximum

$$\sigma = t \wedge \beta_p$$

$$\nu = \pi^{-p} t \wedge \alpha^p$$

où $\beta_1 = \frac{i}{2} \sum_1^n dz_k \wedge d\bar{z}_k$, $\beta_p = \frac{\beta^p}{p!}$ est la forme fondamentale "élément de volume" de la dimension complexe p. La forme α est la forme positive définie par

(19) $$\alpha = \frac{i}{2} d_z d_{\bar{z}} \log \sum_1^n z_k \bar{z}_k .$$

Elle est positive car on a vu que $V = \log \| z \|$ est plurisousharmonique. Elle est définie sauf pour $z = 0$. Alors d'après le théorème de multiplication σ et ν sont des mesures positives si t est un courant positif de type (p, p). Utilisons maintenant l'hypothèse que t est fermé, en supposant d'abord que t soit une forme à coefficients continus. Calculons $\| \nu \|_{B_2 - B_1}$ où B_2 est la boule $\| z \| < r_2$, B_1 la boule $\| z \| < r_1$, en supposant t défini dans $\| z \| < R$, $r_1 < r_2 < R$. Dans $B_2 - B_1$, ν est défini, et a une densité continue. Mais on peut écrire

$$I(r_1, r_2) = \| \nu \|_{B_2 - B_1} = \pi^{-p} \int_{B_2 - B_1} t \wedge \alpha^p, \qquad 0 < r_1 < r_2 < R.$$

Dans $B_2 - B_1$, on a

$$t = d\theta$$

d'après $dt = 0$, et la nullité du groupe d'homologie correspondant de $B_2 - B_1$. On a alors

$$I(r_1, r_2) = \pi^{-p} \int_{B_2 - B_1} d\theta \wedge \alpha^p = \pi^{-p} \int_{B_2 - B_1} d(\theta \wedge \alpha^p).$$

La dernière égalité provient de ce qu'on a $d\alpha = 0$, qui entraine $d\alpha^p = 0$. On a alors par le théorème de Stokes

(20) $$I(r_1,r_2) = \pi^{-p} \int_{S_2} \theta \wedge \alpha^p - \pi^{-p} \int_{S_1} \theta \wedge \alpha^p$$

S_1 et S_2 étant les sphères $\|z\| = r_1$, $\|z\| = r_2$. D'autre part d'après (19), on a

(21) $$\alpha^p = \frac{\beta_1^p}{(\sum z_k \bar{z}_k)^p} - p \frac{\beta_1^{p-1}}{(\sum z_k \bar{z}_k)^{p+1}} \wedge \sum_1^n \bar{z}_k dz_k \wedge \sum_1^n z_k d\bar{z}_k .$$

Sur S_1 et S_2, $\sum z_k \bar{z}_k$ est constant de sorte que $\sum_1^n \bar{z}_k dz_k \wedge \sum_1^n z_k d\bar{z}_k = 0$. On déduit alors de (20) et (21) :

$$I(r_1,r_2) = \pi^{-p} \int_{S_2} \theta \wedge \beta_1^p r_2^{-2p} - \pi^{-p} \int_{S_1} \theta \wedge \beta_1^p r_1^{-2p} .$$

On a, en posant

$$\sigma(r) = \int_{\|z\|<r} \sigma = \frac{1}{p!} \int_{S_2} \theta \wedge \beta_1^p$$

(22) $$I(r_1,r_2) = \pi^{-p} p! \left[\frac{\sigma(r_2)}{r_2^{2p}} - \frac{\sigma(r_1)}{r_1^{2p}} \right] \geq 0 .$$

Plusieurs résultats découlent de (22) :

__Proposition 10.__

1° $\sigma(t)\, t^{-2p}$ est fonction croissante de t, $0 < t < R$.

2° $\nu(0) = \lim_{t=0} \pi^{-p} p! \frac{\sigma(t)}{t^{2p}}$ existe et est positif.

3° L'intégrale $\nu_{\circ}^{r_2} = \int_{0 < \|z\| < r_2} \nu$ converge et veut

$$\pi^{-p} p! \frac{\sigma(r_2)}{r_2^{2p}} - \nu(0) \quad .$$

On posera pour $0 < r < R$

$$\nu(r) = \nu(0) + \nu_{\circ}^{r} = \pi^{-p} p! \frac{\sigma(r)}{r^{2p}} \quad .$$

Alors $\nu(r)$ est le quotient de $\sigma(r)$ par le volume de la boule de rayon r, de la dimension réelle $2p$.

Remarque. - La mesure σ attachée à t est une norme pour t en ce sens qu'il existe deux constantes A et B positives (indépendantes de t) telles qu'on ait

$$B \|\sigma\|_D \leqslant \|t\|_D \leqslant A \|\sigma\|_D \quad .$$

En effet

$$\sigma = t \wedge \beta_p = \left[\sum_{(i)} t_{i_1 \ldots i_p \bar{i}_1 \ldots \bar{i}_p}\right] (-2i)^p (-1)^{p\frac{(p-1)}{2}} \tau_n$$

$$= k_p \sum_{(i)} T_{(i)(i)}$$

en introduisant les distributions associées aux $t_{(i)(i)}$. Les distributions

$$T'_{(i)(i)} = (-2i)^p (-1)^{p\frac{(p-1)}{2}} T_{(i)(i)}$$

sont positives et l'on a

$$\sum T'_{(i)(i)} = \sigma , \qquad T'_{(i),(i)} \geqslant 0 ,$$

$$T'_{(i),(i)} \leqslant \sigma$$

Mais $T'_{(i)(i)} = t \wedge \tau\left[L^p_{(i)}\right]$,

$L^p_{(i)}$ étant la forme fondamentale τ attachée au sous-espace $C^p(z_{i_1} \ldots z_{i_p})$.

D'autre part σ est invariante par les changements unitaires sur les dz_k ; on a donc pour tout L^p ,

$$\| T(t, L^p) \|_D < \|\sigma\|_D$$

En particulier en prenant un système régulier $\left\{L^p_s\right\}$ permettant le calcul des coefficients de t, on aura une majoration $\|t\|_D \leqslant A \|\sigma\|_D$. La majoration dans l'autre sens est évidente d'après $\|t\|_D = \sup |t(\varphi)|$ pour $\|\varphi\| \leqslant 1$ et l'on a $B = 2^p$.

La remarque qu'on vient de faire s'applique sans qu'on suppose t fermé.

2. APPLICATIONS. INTEGRATION SUR UN ENSEMBLE ANALYTIQUE.

On dit qu'une partie A d'un domaine D de C^n est un ensemble analytique complexe si A est fermé et si tout $x \in A$ a un voisinage U_x dans lequel A est défini comme l'ensemble des zéros communs à un ensemble de fonctions holomorphes; on peut supposer le nombre d'équations fini, l'anneau $\mathcal{O}_x$ étant noethérien.

On prendra la définition suivante de la dimension d_x de A en $x \in A$: c'est le membre minimum d'équations linéaires à ajouter aux équations $F_j(z) = 0$ qui définissent A dans U_x, pour obtenir $z = x$ comme solution isolée. Si x est l'origine, et $d_x = p$ et si $C^{n-p}(z_{p+1}, \ldots, z_n)$ coupe A à l'origine, point isolé, on sait qu'on peut plonger A dans un ensemble A_1 défini au voisinage de 0 en annulant n-p pseudo-polynomes, où $z_1 \ldots z_p$ sont les variables ordinaires :

$$(1) \qquad f_{p+j} = (z_{p+j})^{\lambda_j} + \sum_{0}^{\lambda_{j-1}} C^s_{p+j}(z_1, \ldots, z_p)\, z^s_{p+j} = 0,$$

$$j = 1, \ldots, n-p.$$

L'ensemble A_1 est une intersection complète au voisinage de 0, définie par un nombre d'équations égal à sa codimension.

D'autre part on rappelle que A est une variété, sauf sur un ensemble analytique $A' \subset A$, A' fermé est de dimension complexe $\leq p-1$; $x \in A - A'$ est dit point <u>ordinaire</u>.

Dans ces conditions, en opérant comme au Chapitre I, on définira sans peine l'intégration sur A d'une forme $\varphi \in \mathcal{D}(D-A')$; soit $\{U_i\}$ un recouvrement ouvert de $D-A'$ les U_i étant d'adhérence compacte dans $D-A'$, et α_i une partition de l'unité (C^∞), subordonnée à $\{U_i\}$, $\int_A \varphi \alpha_i$ se ramène par un isomorphisme analytique à l'intégration de φ sur un sous espace analytique : c'est un courant positif de type (n-p, n-p) si A est de dimension complexe p en tout point, ce que nous supposerons ici (on sait en effet que dans D, A se décompose en une somme d'ensembles analytiques irréductibles dans D, chacun d'eux étant homogène en dimension). Pour le cas général, d'un ensemble non homogène en dimension, on renvoie à la décomposition établie dans [2b] .

D'autre part on a vu au Chapitre I que

$$t(\varphi) = \int_A \varphi \tag{2}$$

qui est défini pour $\varphi \in$ (D-A') a un bord nul.

On va montrer

Théorème 3. - L'extension simple à $D'(D)$ de $t(\varphi)$, défini par (1), sur $\mathfrak{D}$ (D-A') est possible et est un courant fermé positif.

Désignons en effet par $\Omega_{n,p}$ l'espace des variétés linéaires L^{n-p} avec la topologie évidente: rapportons les L^{n-p} à des coordonnées u_k unitaires

$$z_i = z_i' + \sum a_i^k u_k \ , \qquad 1 \leqslant k \leqslant n-p\, , \qquad 1 \leqslant i \leqslant n\, , \tag{2}$$

$\sum a_i^k \bar{a}_i^s = \delta_{k,s}$; on obtient un voisinage ouvert $\varphi(\varepsilon, \varepsilon')$ de $L_0^{n-p} = L^{n-p}\left[z_i'^{0}, (a_i^k)_0\right]$ dans cette topologie en considérant les $L^{n-p}(z_i', a_i^k)$ qui vérifient

$$\left|a_i^k - (a_i^k)_0\right| < \varepsilon \ , \qquad \left|z_i' - z_i'^{0}\right| < \varepsilon'$$

Le théorème 3 est alors une conséquence des propriétés de prolongement des courants continus d'ordre zéro données au Chapitre I et de l'énoncé suivant qui donne la majoration adéquate :

Proposition 11. Soit A un ensemble analytique défini dans un domaine de C^n, et de dimension complexe homogène p; soit m un point de A . Il existe un voisinage U de m, relativement compact dans D, et un ensemble ouvert φ dans $\Omega_{n,p}$ tels que l'intersection $A \cap U \cap L^{n-p}$ soit, pour toute variété $L^{n-p} \in \varphi$, constituée d'un nombre fini de points, ce nombre étant de plus borné quand L^{n-p} parcourt φ.

L'énoncé résulte de l'existence d'un L^{n-p} passant par m, coupant A selon un ensemble dont m est point isolé, d'un voisinage $\varphi(\varepsilon, \varepsilon')$

de L^{n-p}, défini comme plus haut, et d'un nombre $\rho > 0$ tels que pour $\sum |u_k|^2 < \rho^2$ les L^{n-p} définis par (2) et (2)' ne coupent A qu'en des points isolés dont le nombre ne dépasse pas la multiplicité du point m défini par $u_k = 0$, $1 \leq k \leq p$ dans $L_0^{n-p} \cap A$.

Supposons que pour L_0^{n-p}, passant par le point m, de coordonnées $z_i'^{0}$, on ait la situation évoquée : dans $\| u \| \leq \rho$, (1) et (2) déterminent $u_k = 0$. Soient $\psi_{p+j}(z_i', a_i^k, u_k)$ ce que deviennent les f_{p+j} par (2). Alors on a

$$\psi = \sum |\psi_{p+j}(z_i', a_i^k, u_k)|^2 \geq a > 0$$

pour $\sum |u_k|^2 = \rho^2$, $z_i' = z_i'^{0}$, $a_i^k = (a_i^k)_0$. Puisque les ψ_{p+j} sont continues, on a encore

$$\psi > \frac{a}{2} > 0$$

pour $\sum |u_k|^2 = \rho^2$ et $|z_i' - z_i'^{0}| < \varepsilon'$, $|a_i^k - (a_i^k)_0| < \varepsilon$, c'est-à-dire quand L^{n-p} parcourt le voisinage $\varphi(\varepsilon, \varepsilon')$ de L_0^{n-p}. Dans ces conditions le nombre de racines du système $\psi_{p+j} = 0$ en u chacune comptée avec sa multiplicité, à l'intérieur de $\| u \| < \rho$ n'a pas varié, il peut être calculé par l'indice de Kronecker et a la valeur N qu'il a pour L_0^{n-p} ; ses racines sont comptées avec un indice positif; on a donc au plus N points d'intersection.

D'autre part choisissons r vérifiant

$$0 < r < \inf\ (\varepsilon', \frac{\varrho}{2})$$

et r de plus assez petit pour que dans la boule B(m, r) de centre m, de rayon r les équations (1) définissent A, et qu'on ait $A \subset A_1$; alors si l'on choisit ε'_1 assez petit pour que le polycercle $|z'_i - z^\circ_i| < \varepsilon'_1$ soit intérieur à la sphère B(m, r), tous les $L^{n-p} \in \varphi\ (\varepsilon, \varepsilon'_1)$ coupant B(m, r) en des points pour lesquels les paramètres u_i (sur L^{n-p}) satisfont à $\sum |u_k|^2 < \varrho^2$; l'intersection

$$L^{n-p} \cap A_1 \cap B(m,r)$$

est donc constituée de points isolés en nombre au plus N. Pour $L^{n-p} \in \varphi\ (\varepsilon, \varepsilon'_1)$, on a donc en posant B = B(m, r)

$$\left| t \wedge \tau(L_p^{n-p}) \right|_B \leq N\ \tau_{2p}(1)\, r^{2p} \tag{3}$$

$\tau_{2p}(1)\, r^{2p}$ étant le volume de la sphère de rayon r, section de B(m, r) par le L^p_0 qui est orthogonal à L^{n-p} et passe par m : en effet dans chaque L^{n-p} passant par un point $a \in L^p_0$, on trouve au plus N points de l'intersection

$$L^{n-p} \cap A \cap B(m,r)$$

puisqu'on a $A \subset A_1$, et la mesure (3) n'est autre que la projection de l'aire de $(A - A') \cap B(m,r)$ sur L^p_0. Elle est donc bornée selon (3). Prenons alors un système $\Lambda = \{L^{n-p}_s\}$ régulier de L^{n-p}_s, $1 \leq s \leq (C^p_n)^2$. D'après le § 1 on obtient pour t une majoration

(4) $$|t|_B \leq k(\Lambda)\, r^{2p} \quad .$$

La majoration (4) est de plus valable, avec le même $k(\Lambda)$, pour toute boule $B' \subset B$, de rayon r' :

$$|t|_{B'} \leq k(\Lambda)\, r'^{2p}$$

Si maintenant G est un domaine $G \subset\subset D$, $\bar{G} \cap A$ peut être recouvert par un nombre fini de boules relativement compactes dans D, pour lesquelles on aura la même conclusion que pour $B(m,r)$; on en déduit :

<u>Proposition 12</u>. - Si A est un ensemble analytique complexe dans D, de dimension homogène p, à tout domaine $G \subset\subset D$, correspond k(G) fini tel qu'on ait

(5) $$|t|_B \leq k(G)\, r^{2p}$$

pour toute boule $B \subset G$, de rayon r, t étant le courant d'intégration sur $A - A'$ [c'est-à-dire sur l'espace de formes $\mathcal{D}(D - A')$].

Dans ces conditions si x est un point de A', qui est ordinaire sur A', il existe une application analytique biunivoque f de $U(x) \cap A'$ sur un ouvert d'un sous-espace C^q avec $q \leq p-1$ et l'image ft de t est encore un courant positif fermé vérifiant une majoration du type (4). Reportons-nous à la condition (27) du Chapitre I. On a ici :

$$\gamma = 2p > s+1 \ , \quad \text{où} \quad s \leq 2p-2 \ ,$$

la condition (27) du Chapitre I, § 1, est vérifiée; t se prolonge par extension simple en un courant fermé. Par application successive de la propriété énoncé au Chapitre I, en considérant les points ordinaires de $A'', \ldots A^{(s)} \ldots$, $A^{(s)}$ étant l'ensemble des points non ordinaires de $A^{(s-1)}$, on achève d'établir que l'extension simple $\tilde{t}$ de t prolonge t en un courant fermé à tout $\mathcal{D}$ (D). Le théorème 3 est ainsi établi : il définit l'opérateur d'intégration sur un sous-ensemble analytique irréductible dans D (pour une forme $\varphi \in \mathcal{D}$ (D). On passe de là au cas général (cf. [1, b]).

On remarquera que l'on peut établir la propriété pour l'espace $\mathcal{D}^0$ (G) des formes φ à coefficients continus et définies au voisinage de A dans D.

Remarques.

1°) Supposons l'origine contenue dans l'ensemble analytique alors les propriétés de la mesure ν

$$\nu = t \wedge \beta_p$$

nous indiquent que la mesure dans l'espace projectif P^{n-1} des droites complexes issues de O a une valeur finie $\nu(r)$ pour toutes les droites qui rencontrent A en un point intérieur à $|z| < r$; $\nu(0) = \lim_{t=0} \nu(t)$ est la mesure dans P^{n-1} du cone Γ_0 des tangentes en O à l'ensemble A. La croissance de $\nu(t)$ donne en particulier

$$\nu(r) \geq \nu(0) \qquad r > 0$$

$$\frac{\sigma(r)}{\tau_{2p}(r)} = \nu(r) \geq \nu(0)$$

qui s'énonce : l'aire $\sigma(r)$ est au moins égale au produit de $\tau_{2p}(r)$ par la mesure de Γ_ζ dans P^{n-1} . S'il y a égalité pour $r_0 > 0$, on a $\nu = 0$ dans $0 < |z| < r_0$, et A se réduit au cone Γ_ζ .

Le cone Γ_0 est à la fois le cone des tangentes à 1 dimension réelle et celui des droites tangentes à une dimension complexe au point ζ (on établit qu'on obtient Γ_0 soit en considérant les limites de $l'(\zeta, m)$, $m \in A$, $m \to \zeta$, $l'(\zeta, m)$ étant la droite de R^{2m} déterminée par ζ et m soit en considérant les limites de $L(\zeta, m)$, $m \in A$, $m \to \zeta$, $L'(\zeta, m)$ étant la droite complexe de C^n déterminée par ζ et m. Ainsi : le cone tangent $\Gamma(x)$ en tout $x \in A$ minore, au point de vue de l'aire l'ensemble analytique A au voisinage de x .

2°) Soit W un ensemble analytique dans un domaine D de C^n ; la classe de cohomologie de D représentée par t(W) , courant associé à W , est la classe duale de la classe d'homologie de D représentée par W et réduite en coefficients réels (cf. [1]). Faisons les hypothèses suivantes

a) W_1 et W_2 sont des ensembles analytiques irréductibles dans D .

b) $W = W_1 \cap W_2$ est irréductible dans D et il existe $x \in W$, point ordinaire sur W_1 et W_2 , en lequel W_1 et W_2 se coupent trasversalement et en lequel on a

$$\operatorname{cod}_x W = \operatorname{cod}_x W_1 + \operatorname{cod}_x W_2 . \tag{6}$$

Alors on peut dans quelques cas particuliers donner un sens à l'égalité attendue en matière d'intersection

$$(6') \qquad t(W) = t(W_1) \wedge t(W_2)$$

en procédant par limite et régularisation sur $t_1 = t(W_1)$, $t_2 = t(W_2)$.

Les points $y \in W$ où W_1 et W_2 ne se coupent pas trasversalement, ou qui ne sont pas points ordinaires sur W_1 ou sur W_2 forment un sous ensemble contenu dans un ensemble analytique $W' \in W$, avec $\dim W' < \dim W$. On considère un noyau continu sur l'espace ambiant, soit β_r, $0 \leq \beta_r \leq 1$, $\beta_r(x) = 1$ pour $x \in W'$, $\beta_r(x) = 0$ en tout x à distance supérieure à r de W, $\beta_r(x)$ est supposé croissant de r, et lim $\beta_r(x)$ pour $r \to 0$ est la fonction caractéristique de W'. Alors on a :

$$t = \lim_{r=0} t(1-\beta_r),$$

d'après la démonstration du théorème 3. D'autre part hors du support de β_r, $(6')$ a un sens et se calcule par régularisation (cf. [4]) car l'intersection W ne comporte que des points au voisinage desquels on se ramène à l'intersection de sous-espaces linéaires par des homéomorphismes analytiques. Si $R_\varrho(x)$ est une famille de noyaux régularisants (pour lesquels on pourra prendre les α_ϱ du Chapitre I), on aura alors

$$t(1-\beta_r) = t_1 \wedge t_2(1-\beta_r),$$

d'où :

$$t = \lim_{r=0} \left[\lim_{\varrho=0} R \; t_1 \wedge t_2(1-\beta_r) \right].$$

Remarquons qu'il parait difficile d'échapper à la restriction (6) si l'on veut obtenir une expression du type (6') sans terme complémentaire.

Bibliographie

[1] A. Borel et A. Haefliger - La classe d'homologie fondamentale d'un espace analytique, Bull. Soc. Math. de France, t. 89, 1961, p. 461-513.

[2] P. Lelong - a) Integration of a differential form on an analytic complex subvariety, Proceedings Nat. Ac. of Science 43, p. 246-248, 1957.

- b) Intégration sur un ensemble analytique complexe, Bull. Soc. Math. France, t. 85, 1957, p. 239-262.

- c) Séminaire d'Analyse, t. 4, 1962, exposé n. 1 : Eléments positifs d'une algèbre extérieure complexe avec involution, p. 1-22.

[3] G. De Rham et K. Kodaira - Harmonic integrals, Princeton, Institute for advanced Study, 1953.

[4] G. De Rham - Variétés différentiables, Herrmann, Paris.

CENTRO INTERNAZIONALE MATEMATICO ESTIVO
(C. I. M. E.)

EDOARDO VESENTINI

COOMOLOGIA SULLE VARIETA' COMPLESSE, I.

ROMA - Istituto Matematico dell'Università

COOMOLOGIA SULLE VARIETA' COMPLESSE, I.

Edoardo Vesentini

Queste lezioni, insieme a quelle di Andreotti (Coomologia sulle varietà complesse, II), traggono spunto da un lavoro in comune, attualmente in via di pubblicazione. In esso vengono stabiliti dei criteri per l'annullamento della coomologia a valori in un fascio analitico localmente libero, sopra una varietà complessa (paracompatta). Tali criteri sono di due tipi. Il primo - che può dirsi un "teorema di annullamento debole" - concerne l'annullamento dell'immagine della coomologia a supporti compatti nella coomologia a supporti chiusi. Il secondo è un vero e proprio teorema d'annullamento della coomologia a supporti compatti.

In queste lezioni svolgeremo le considerazioni preliminari che ci condurranno al teorema di annullamento debole. Poggiando su di esse, Andreotti stabilirà il teorema di annullamento per la coomologia a supporti compatti.

Nel § 1 si considera un fibrato vettoriale olomorfo E su una varietà complessa X , e si introducono in E e su X delle strutture hermitiane.

I § § 2 e 3 sono dedicati alla teoria del potenziale per le forme differenziali a valori in E. Nel § 2 si introduce la nozione di W-ellitticità. Nel § 3 si stabilisce una disuguaglianza, dovuta a G. Stampacchia - valida nell'ipotesi che la metrica hermitiana di X sia completa - dimostrata in [1] nel caso in cui E sia un fibrato lineare; da essa e dai risultati del § 2 discende il teorema di annullamento debole della coomologia.

Infine, nei § § 4 e 5 viene stabilita una condizione sufficiente per la W-ellitticità: condizione di tipo locale che - qualora X sia compatta e kähleriana - fornisce un classico "vanishing theorem" di Kodaira [4].

§ 1 - Preliminari

a) Sia E un fibrato vettoriale olomorfo sulla varietà complessa paracompatta X, di dimensione complessa n. Se $\mathbb{C}^m$ è la fibra di E, m dicesi il <u>rango</u> del fibrato E. Sia $\pi : E \to X$ la proiezione canonica di E su X. Il fibrato E è definito, rispetto ad un opportuno ricoprimento $\mathcal{U} = \{U_i\}_{i \in I}$ di X mediante aperti coordinati U_i, da un sistema $\{e_{ij}\}$ di funzioni di transizione olomorfe

$$e_{ij} : U_i \cap U_j \to GL(m, \mathbb{C})$$

tali che

$$e_{ij}\, e_{jk}\, e_{ki} = \text{identità su} \qquad U_i \cap U_j \cap U_k \ .$$

Sia T^p il fibrato vettoriale olomorfo delle (p, o) - forme differenziali scalari di classe C^∞ su X. Una (p, q) - forma differenziale di classe C^∞ su X, a valori nel fibrato E, è una sezione di classe C^∞ del fibrato $E \otimes T^p \otimes \overline{T}^q$. Una sezione siffatta è definita - rispetto al ricoprimento $\mathcal{U} = \{U_i\}_{i \in I}$ - da un sistema $\{\varphi_i\}_{i \in I}$ di vettori

$$\varphi_i = \begin{pmatrix} \varphi_i^1 \\ \vdots \\ \varphi_i^m \end{pmatrix} ,$$

i cui elementi sono forme differenziali scalari φ_i^r (r=1, ... , m), di tipo (p, q) e classe C^∞ su U_i, tali che su $U_i \cap U_j$ risulti

$$\varphi_i = e_{ij} \varphi_j \quad .$$

Sia $C^{p,q}(X, E)$ lo spazio vettoriale complesso delle (p, q) - forme differenziali di classe C^∞ su X, ed a valori in E. Sia $\mathcal{D}^{p,q}(X,E) \subset C^{p,q}(X,E)$ il sottospazio delle forme a supporto compatto.

Poichè le funzioni di transizione sono olomorfe, l'operatore di differenziazione esterna rispetto alle coniugate delle coordinate locali complesse definisce un omomorfismo

$$\bar{\partial} : C^{p,q}(X,E) \to C^{p,q+1}(X,E),$$

per il quale risulta

$$\bar{\partial}(\mathcal{D}^{p,q}(X,E)) \subset \mathcal{D}^{p,q+1}(X,E) .$$

Poichè $\bar{\partial}\bar{\partial} = 0$, risulta definita su $C^p(X,E) = \bigoplus_{q=0}^{n} C^{p,q}(X,E)$ una struttura di complesso, con differenziale $\bar{\partial}$. Sia $H^{p,q}(X,E)$ il q-esimo gruppo di coomologia di questo complesso.

Sia $\Omega^p(E)$ il fascio dei germi di p-forme olomorfe su X a valori in E.

Esiste un isomorfismo canonico, detto "isomorfismo di Dolbeault"

$$H^{p,q}_{\Phi}(X,E) \approx H^q_{\Phi}(X, \Omega^p(E))$$

ove la famiglia dei supporti, Φ, è la famiglia dei chiusi o dei compatti di X.

Fissiamo una metrica sulle fibre di E, cioè assegnamo, per ogni punto $x \in X$ un prodotto scalare hermitiano $h(u,v)$, funzione di classe C^∞ del punto x, operante sulle coppie di vettori u e v appartenenti alla fibra $C^m_x = \pi^{-1}(x)$.

Se ξ_i e η_i sono le coordinate-fibra di u e v, rispetto alla carta locale $U_i \ni x$, risulta

$$h(u,v) = {}^t\bar{\eta}_i \; h_i \; \xi_i$$

h_i essendo una matrice hermitiana definita positiva, di classe C^∞ su U_i.

Si ha su $U_i \cap U_j$

$$ {}^t\bar{\eta}_i h_i \xi_i = {}^t\bar{\eta}_j h_j \xi_j \quad . $$

Pertanto risulta

$$ h_i = {}^t\bar{e}_{ji} h_j e_{ji} \qquad \text{su } U_i \cap U_j \quad . $$

Consideriamo la (1, 0) - forma differenziale vettoriale $\ell = \{\ell_i\}_{i \in I}$ definita localmente dalla

$$ (1) \qquad \ell_i = h_i^{-1} \partial h_i \quad . $$

Essa definisce, nel fibrato principale associato ad E, una connessione, la cui forma di curvatura è definita dalla forma $s = \{s_i\}_{i \in I}$

$$ (2) \qquad s_i = \bar{\partial} \ell_i $$

Sia E^* il fibrato duale di E. Esso è un fibrato vettoriale olomorfo di rango m su X, definito, rispetto al ricoprimento $\mathcal{U} = \{U_i\}_{i \in I}$, dalle funzioni di transizione $\{{}^t e_{ij}^{-1}\}$.

La metrica h(u, v) sulle fibre di E definisce un antisomorfismo di ogni fibra di E sulla corrispondente fibra di E^* . Questa applicazione si prolunga in modo naturale in un antiisomorfismo

$$ \# : C^{p,q}(X, E) \longrightarrow C^{q,p}(X, E^*) $$

definito localmente da

$$ (\# \varphi)_i = \overline{h_i \varphi_i} \quad . $$

b) Fissiamo una metrica hermitiana, definita positiva, di classe C^∞, sulla varietà complessa X (o meglio, sulle fibre del fibrato olomorfo tangente a X). Sia

$$ds^2 = 2g_{\alpha\bar{\beta}}\, dz^\alpha\, \overline{dz^\beta} \qquad (\overline{g_{\alpha\bar{\beta}}} = g_{\beta\bar{\alpha}})$$

l'espressione locale di tale metrica. Essa definisce un isomorfismo

$$* : C^{p,q}(X, E) \to C^{n-q, n-p}(X, E)$$

tale che

$$** \varphi = (-1)^{p+q} \varphi \qquad \text{per ogni} \quad \varphi \in C^{p,q}(X, E).$$

Per ogni coppia di forme φ, ψ di $C^{p,q}(X, E)$ la forma ${}^t\varphi \wedge *\#\psi$ è una (n, n) - forma scalare di classe C^∞ su X, che indicheremo con $A(\varphi, \psi)\, dX$, o con $A_E(\varphi, \psi)\, dX$, ove dX è l'elemento di volume della metrica hermitiana su X; $A(\varphi, \psi)$ è una forma sesquilineare hermitiana, positiva, non degenere. Daremo a $A(\varphi, \varphi)^{\frac{1}{2}}$ il nome di lunghezza di φ.

Introduciamo lo spazio

$$\mathcal{L}^{p,q}(X, E) = \left\{ \varphi \in C^{p,q}(X, E) \,\middle|\, \left| \int_X A(\varphi, \varphi)\, dX \right| < +\infty \right\}$$

delle forme di $C^{p,q}(X, E)$, (la cui lunghezza è) di quadrato sommabile.

Dalla disuguaglianza di Schwarz discende che, se $\varphi, \psi \in \mathcal{L}^{p,q}(X, E)$, risulta

$$\left| \int_X A(\varphi, \psi)\, dX \right| < +\infty \quad .$$

Pertanto su $\mathcal{L}^{p,q}(X, E)$ è definita la forma sesquilineare hermitiana, positiva, non degenere

$$(\varphi, \psi) = \int_X A(\varphi, \psi)\, dX,$$

la quale determina su $\mathcal{L}^{p,q}(X, E)$ una struttura di spazio prehilbertiano complesso. Sia $\|\varphi\| = (\varphi, \varphi)^{\frac{1}{2}}$ ($\varphi \in \mathcal{L}^{p,q}(X, E)$) la norma definita in $\mathcal{L}^{p,q}(X, E)$ dal prodotto scalare $(\;\; , \;\;)$. Ovviamente risulta $\mathcal{D}^{p,q}(X, E) \subset \mathcal{L}^{p,q}(X, E)$.

Consideriamo l'omomorfismo

(3) $$\theta = -\ast \#^{-1} \bar{\partial} \# \ast : C^{p,q}(X,E) \longrightarrow$$

Risulta $\theta\theta = 0$ e $\theta(\mathcal{D}^{p,q}(X,E)) \subset \mathcal{D}^{p,q-1}(X,E)$.

Si verifica che se $\varphi \in C^{p,q}(X,E)$, $\psi \in C^{p,q+1}(X,E)$, risulta

$$ {}^t\bar{\partial}\varphi \wedge \ast \# \psi - {}^t\varphi \wedge \ast \# \theta \psi = d({}^t\varphi \wedge \ast \# \psi).$$

Dalla formula di Stokes segue pertanto che, se $\varphi \in \mathcal{D}^{p,q}(X,E)$ e $\psi \in \mathcal{D}^{p,q+1}(X,E)$, vale la formula d'aggiunzione

(4) $$(\bar{\partial}\varphi, \psi) = (\varphi, \theta\psi).$$

Osservazione. Se φ, anzichè diclasse C^∞, è una forma localmente lipschitziana, $\bar{\partial}\varphi$ esiste quasi dappertutto, per il teorema di Lebesgue.

Poichè la formula di Stokes vale anche nel caso lipschitziano, la (4) sussiste anche se le φ e ψ sono forme (non necessariamente C^∞, ma soltanto) localmente lipschitziane.

Consideriamo l'operatore differenziale del secondo ordine

$$\square : C^{p,q}(X,E) \longrightarrow C^{p,q}(X,E)$$

definito da

$$\square = \bar{\partial}\theta + \theta\bar{\partial} \quad .$$

Se φ_1 e φ_2 sono due qualsiansi elementi di $\mathcal{D}^{p,q}(X,E)$ risulta, per la (4),

(5) $$(\square\varphi_1, \varphi_2) = (\bar{\partial}\varphi_1, \bar{\partial}\varphi_2) + (\theta\varphi_1, \theta\varphi_2) = (\varphi_1, \square\varphi_2).$$

§2 - La W - ellitticità

Introduciamo in $\mathcal{D}^{p,q}(X,E)$ le forme sesquilineari hermitiane positive, non degeneri (φ, ψ) e

$$a(\varphi,\psi) = (\varphi,\psi) + (\bar\partial\varphi, \bar\partial\psi) + (\vartheta\varphi, \vartheta\psi).$$
$$(\varphi, \psi \in \mathcal{D}^{p,q}(X,E)).$$

Siano

$$\|\varphi\| = (\varphi,\varphi)^{\frac{1}{2}} \qquad \text{e } N(\varphi) = a(\varphi,\varphi)^{\frac{1}{2}} \qquad (\varphi \in \mathcal{D}^{p,q}(X,E))$$

le norme definite in $\mathcal{D}^{p,q}(X,E)$ dai prodotti scalari $(\ ,\ )$ e $a(\ ,\ )$. Siano $L^{p,q}(X,E)$ e $W^{p,q}(X,E)$ gli spazi hilbertiani complessi ottenuti completando $\mathcal{D}^{p,q}(X,E)$ rispetto alle norme $\|\ \|$ e N. Osserviamo che $\mathcal{L}^{p,q}(X,E)$ è un sottospazio ovunque denso di $L^{p,q}(X,E)$.

Consideriamo l'applicazione identica $i: \mathcal{D}^{p,q}(X,E) \to \mathcal{D}^{p,q}(X,E)$ come un'applicazione continua di un sottoinsieme ovunque denso di $W^{p,q}(X,E)$ in un sottoinsieme di $L^{p,q}(X,E)$. Poichè per ogni $\varphi \in W^{p,q}(X,E)$ si ha $\|\varphi\| \leq N(\varphi)$, i si estende (in uno ed un solo modo) ad una applicazione continua, i, di $W^{p,q}(X,E)$ in $L^{p,q}(X,E)$.

Questa applicazione è una iniezione continua di $W^{p,q}(X,E)$ in $L^{p,q}(X,E)$. Infatti, sia $\varphi \in W^{p,q}(X,E)$ tale che $i(\varphi) = 0$.

Sia $\{\varphi_\nu\}$ $(\nu = 1, 2, \ldots\ldots)$ $(\varphi_\nu \in \mathcal{D}^{p,q}(X,E))$ una successione di Cauchy convergente a φ in $W^{p,q}(X,E)$. Dalla

$$N(\varphi - \varphi_\nu) \longrightarrow 0$$

segue che

$$\| i(\varphi) - \varphi_\nu \| = \|\varphi_\nu\| \longrightarrow 0,$$

mentre $\{\bar\partial\varphi_\nu\}$ e $\{\vartheta\varphi_\nu\}$ sono succesioni di Cauchy per la norma $\|\ \|$.

Siano $\varphi' \in L^{p,q+1}(X,E)$ e $\varphi'' \subset L^{p,q-1}(X,E)$ i loro limiti; si ha:

$$\| \bar{\partial} \varphi_\nu - \varphi' \| \to 0 \qquad \| \vartheta \varphi_\nu - \varphi'' \| \to 0 .$$

Per dimostrare che i è iniettiva basta provare che $\varphi' = 0$, $\varphi'' = 0$. Per una qualsiasi $u \in \mathcal{D}^{p,q+1}(X,E)$ si ha

$$(\varphi', u) = (\varphi' - \bar{\partial} \varphi_\nu, u) + (\bar{\partial} \varphi_\nu, u) = (\varphi' - \bar{\partial} \varphi_\nu, u) + (\varphi_\nu, \theta u),$$

e quindi

$$|(\varphi', u)| \leq \| \varphi' - \bar{\partial} \varphi_\nu \| \cdot \| u \| + \| \varphi_\nu \| \, \| \vartheta u \| \to 0$$

Poichè ciò accade per ogni $u \in \mathcal{D}^{p,q+1}(X,E)$, si conclude $\varphi' = 0$. In modo analogo si dimostra che $\varphi'' = 0$.

Riassumendo i risultati sin qui ottenuti possiamo enunciare la

Proposizione. L'applicazione identica $i: \mathcal{D}^{p,q}(X,E) \to \mathcal{D}^{p,q}(X,E)$ si estende in una iniezione continua di $W^{p,q}(X,E)$ in $L^{p,q}(X,E)$.

Tale estensione è unica (una volta fissate le metriche su X e sulle fibre di E).

Nel seguito identificheremo - per semplicità di notazione - lo spazio $W^{p,q}(X,E)$ con la sua immagine $i(W^{p,q}(X,E))$. Consideriamo cioè $W^{p,q}(X,E)$ come un sottospazio di $L^{p,q}(X,E)$; gli elementi di $L^{p,q}(X,E)$ che appartengono a $W^{p,q}(X,E)$ possono caratterizzarsi come quegli elementi φ di $L^{p,q}(X,E)$ i quali ammettono "simultaneamente" un $\bar{\partial}\varphi \in L^{p,q+1}(X,E)$ ed un $\theta\varphi \in L^{p,q-1}(X,E)$ generalizzati in senso forte di K.O. Friedrichs; "simultaneamente" significa che esiste una successione di Cauchy $\{\varphi_\nu\}$ ($\varphi_\nu \in \mathcal{D}^{p,q}(X,E)$) in $L^{p,q}(X,E)$ tale che

$$\| \varphi - \varphi_\nu \| \to 0, \quad \| \bar{\partial} \varphi - \bar{\partial} \varphi_\nu \| \to 0, \quad \| \theta \varphi - \theta \varphi_\nu \| \to 0.$$

Le applicazioni lineari $\bar{\partial} : W^{p,q}(X,E) \to L^{p,q+1}(X,E)$ e $\theta : W^{p,q}(X,E) \to L^{p,q-1}(X,E)$ così definite, sono continue.

Consideriamo in $W^{p,q}(X,E)$ la forma sesquilineare hermitiana

$$b(\varphi,\psi) = (\bar\partial\varphi, \bar\partial\psi) + (\theta\varphi, \theta\psi) \quad (\varphi,\psi \in W^{p,q}(X,E)).$$

Essa definisce in $W^{p,q}(X,E)$ una seminorma $b(\varphi) = b(\varphi,\varphi)^{\frac{1}{2}}$, che in generale non è una norma. Questa induce in $W^{p,q}(X,E)$ una struttura di spazio vettoriale topologico complesso localmente convesso.

Quand'è che questa struttura coincide con la struttura definita in $W^{p,q}(X,E)$ della norma N ?

Se le strutture coincidono, $W^{p,q}(X,E)$ - con la struttura definita dalla seminorma $b(\psi)$ - deve essere separato, onde segue che $b(\varphi)$ è una norma, e la struttura definita da $b(\varphi)$ in $W^{p,q}(X,E)$ è una struttura di spazio normato.

L'applicazione identica di $W^{p,q}(X,E)$, con la norma N, in $W^{p,q}(X,E)$ con la norma b, è una applicazione lineare continua se, e soltanto se, esiste una costante positiva k tale che

$$N(\varphi) \leq k\, b(\varphi) \qquad \text{per ogni } \varphi \in W^{p,q}(X,E)\ ,$$

ossia esiste una costante positiva c, tale che

$$\|\varphi\|^2 \leq c\left\{\|\bar\partial\varphi\|^2 + \|\theta\varphi\|^2\right\} \qquad \text{per ogni } \varphi \in W^{p,q}(X,E).$$

<u>Definizione</u>. Diremo che E è W - <u>ellittico nel grado</u> (p, q), o brevemente, $W^{p,q}$ - <u>ellittico</u>, rispetto alle metriche fissate su X e sulle fibre di E, se - per tale scelta delle metriche - esiste una costante $c > 0$ tale che, per ogni $\varphi \in W^{p,q}(X,E)$ risulti

$$\|\varphi\|^2 \leq c\left\{\|\bar\partial\varphi\|^2 + \|\theta\varphi\|^2\right. \quad .$$

Possiamo dunque rispondere alla domanda fatta dinanzi, con la

<u>Proposizione. La struttura di spazio vettoriale complesso localmente convesso definita in</u> $W^{p,q}(X,E)$ <u>dalla seminorma</u> b( ) <u>coincide con quella defini-</u>

ta da N se, e soltanto se, E è $W^{p,q}$-ellittico.

Teorema. Se E è $W^{p,q}$-ellittico per ogni forma $f \in L^{p,q}(X,E)$ esiste una ed una sola $x \subset W^{p,q}(X,E)$ tale che, per ogni $\varphi \in W^{p,q}(X,E)$ risulti

$$(f,\varphi) = (\bar{\partial} x, \bar{\partial}\varphi) + (\theta x, \theta\varphi).$$

Dimostrazione. Il funzionale antilineare

$$F(\varphi) = (f, \varphi)$$

è continuo in $W^{p,q}(X,E)$, ossia - per la proposizione precedente - è continuo rispetto alla norma $b(\ \ ,\ \ )^{\frac{1}{2}}$. Pertanto, per il teorema della rappresentazione esiste una ed una sola $x \in W^{p,q}(X,E)$ tale che

$$(f, \varphi) = b(x, \varphi)$$

per ogni $\varphi \in W^{p,q}(X,E)$.

Q. E. D.

Se $\{x_\nu\}$ $(x_\nu \in \mathcal{D}^{p,q}(X,E))$ è una successione di Cauchy convergente a x in $W^{p,q}(X,E)$, risulta, per ogni $u \in \mathcal{D}^{p,q}(X,E)$,

$$(f, u) = (\bar{\partial} x, \bar{\partial} u) + (\theta x, \theta u) = \lim_{\nu \to +\infty} \left[(\bar{\partial} x_\nu, \bar{\partial} u) + (\theta x_\nu, \theta u) \right] =$$

$$= \lim_{\nu \to +\infty} (x_\nu, \Box u) = (x, \Box u)$$

Dunque, nelle ipotesi del teorema precedente, x è una soluzione debole dell'equazione $\Box x = f$. Se f è C^∞, ossia se $f \in L^{p,q}(X,E) \cap C^{p,q}(X,E)$, i teoremi di regolarizzaione delle equazioni differenziali di tipo ellittico, permettono di concludere che x può essere assunto di classe C^∞, ossia che $x \in W^{p,q}(X,E) \cap C^{p,q}(X,E)$, e che risulta

$$\Box x = f.$$

§ 3 - La metrica completa

a) Supponiamo che la metrica hermitiana fissata in X sia una metrica completa. Fissiamo un punto $o \in X$ e sia $\rho(x) = d(o, x)$ la distanza geodetica del punto x da o . Sia

$$B(r) = \{ x \in X \mid \rho(x) < r \}$$

il disco di centro o e raggio r . Per ogni $r > 0$, B(r) è relativamente compatto.

Lemma ; La funzione ρ è localmente lipschitziana. Nei punti in cui esistono le derivate di ρ , risulta

$$0 \leq g^{ij} \frac{\partial \rho}{\partial x^i} \frac{\partial \rho}{\partial x^j} \leq 2n \qquad (n = \dim_C X)$$

le x^i essendo coordinate locali reali e le g^{ij} le componenti controvarianti reali del tensore della metrica.

Dimostrazione. Sia x_o un punto di X . Scegliamo in un intorno di x_o , per la metrica riemanniana (g_{ij}), coordinate tali che $g_{ij}(x_o) = \delta_{ij}$. Per ogni $\varepsilon > 0$, possiamo determinare un intorno U di x_o tale che $|g_{ij}| < \delta_{ij} + \varepsilon$ $(i,j = 1, \ldots, 2n)$ in U . Per ogni punto $y = (y^1, \ldots, y^{2n}) = (x_o + h_y)$ $(h_y \subset R^{2n})$ di U si ha, posto $h^2 = \sum (h^i)^2$,

$$|\rho(x_o + h_y) - \rho(x_o)| \leq d(x_o, y) \leq \int_0^1 \left[g_{ij}(x_o + th)h^i h^j \right]^{\frac{1}{2}} dt \leq (1 + 2n\varepsilon)h .$$

Pertanto

$$\left| \frac{\rho(x_o + h_y) - \rho(x_o)}{h} \right| \leq 1 + 2n\varepsilon .$$

Si conclude che ρ è una funzione localmente lipschitziana, e che, se nel punto x_o esistono le derivate di ρ , risulta $\left(\frac{\partial \rho}{\partial x_i}\right)_{x_o} \leq 1$.

Q.E.D.

Con un calcolo diretto si verifica che

Lemma 2: Esiste una costante $c_o > 0$, dipendente soltanto dalla dimensione di X, tale che, in ogni punto $x \in X$, comunque si scelgano la forma scalare u e la forma v a valori nel fibrato E, risulta in x

$$A(u \wedge v, u \wedge v) \leq c_o |u|^2 A(v, v),$$

ove u denota la lunghezza in x della forma scalare $u = u_{i_1 \ldots \ldots i_p} dx^{i_1} \wedge \ldots \ldots \wedge dx^{i_p}$, espressa dalla

$$|u|^2 = u_{i_1 \ldots \ldots i_p} u^{i_1 \ldots \ldots i_p} .$$

b) Sia $\mu(t)$ una funzione C^∞ su tutto $\mathbb{R}$, tale che

$$\begin{array}{lll} 1) & 0 \leq \mu(t) \leq 1 & , \\ 2) & \mu(t) = 1 \quad \text{per} \quad t \leq 1 & , \\ 3) & \mu(t) = 0 \quad \text{per} \quad t \geq 2 & . \end{array}$$

Fissati comunque due numeri reali $R > r > o$, la funzione

$$w(x) = w(\rho(x)) = \mu\left(\frac{\rho(x) + R - 2r}{R - r}\right)$$

è tale che

$$0 \leq w(x) \leq 1, \quad w(x) = 1 \quad \text{se} \quad x \in B(r), \qquad w(x) = 0 \quad \text{se} \quad x \notin B(R).$$

Dalla prima di queste relazioni risulta che per ogni $\varphi \in C^{p,q}(X, E)$ ed in ogni punto $x \in X$, si ha

$$A(w\varphi, w\varphi) \leq A(\varphi, \varphi) \tag{6}$$

Posto $M = \operatorname{Sup} \left| \frac{d\mu}{dt} \right|$, risulta

$$\left| \frac{dw}{d\rho} \right| \leq \frac{M}{R - r} ,$$

onde segue che

$$|dw|^2 = g^{ij} \frac{\partial w}{\partial x^i} \frac{\partial w}{\partial x^j} \leq \frac{M^2}{(R-r)^2} \cdot 2n \quad .$$

Da quest'ultima disuguaglianza e dal lemma 2 discende che, per ogni $\varphi \in C^{p,q}(X, E)$ e in ogni punto $x \in X$ valgono le seguenti disuguaglianze che ci saranno utili più avanti:

$$(7) \qquad A(\bar\partial w \wedge \varphi, \bar\partial w \wedge \varphi) \leq \frac{2n\, c_0 M^2}{(R-r)^2} A(\varphi, \varphi) \quad ,$$

$$(8) \qquad A(\partial w \wedge * \varphi, \partial w \wedge * \varphi) \leq \frac{2n\, c_o M^2}{(R-r)^2} A(\varphi, \varphi) \quad .$$

c) Proposizione. Esiste una costante $A > 0$, tale che per ogni forma $\varphi \in C^{p,q}(X, E)$ e per ogni scelta dei numeri positivi ϵ, R, r, con $R > r$, risulta

$$\|\bar\partial \varphi\|^2_{B(r)} + \|\vartheta \varphi\|^2_{B(r)} \leq \left[\frac{1}{\epsilon} + \frac{A}{(R-r)^2} \right] \|\varphi\|^2_{B(R)} + \epsilon \|\Box \varphi\|^2_{B(R)} \quad .$$

Dimostrazione. Sia α una forma lipschitziana, a valori in E, il cui supporto sia contenuto in B(R). Dalla formula d'aggiunzione, avuto riguardo all'osservazione del § 1 b), segue che

$$(\bar\partial \varphi, \bar\partial \alpha)_{B(R)} + (\theta \varphi, \theta \alpha)_{B(R)} = (\Box \varphi, \alpha)_{B(R)} \quad .$$

Posto $\alpha = w^2 \varphi$, risulta quasi dappertutto

$$\bar\partial \alpha = w^2 \bar\partial \varphi + 2w \bar\partial w \wedge \varphi, \quad \theta \varphi = w^2 \theta \varphi - * (2w \partial w \wedge * \varphi) \quad .$$

Sostituendo, otteniamo la disuguaglianza

$$(9) \qquad \|w \bar\partial \varphi\|^2_{B(R)} + \|w \theta \varphi\|^2_{B(R)} \leq \left| (\Box \varphi, w^2 \varphi)_{B(R)} \right| +$$

$$+ \left| (\bar\partial \varphi, 2w\bar\partial w \wedge \varphi)_{B(R)} \right| + \left| (\theta\varphi, *(2w\partial w \wedge * \varphi))_{B(R)} \right| .$$

Dalla disuguaglianza di Schwartz discendono, per ogni $\sigma > 0$, le seguenti disugaglianze:

$$\left| (\Box\varphi, w^2\varphi)_{B(R)} \right| \leq \frac{1}{2} \left\{ \frac{1}{\sigma} \| w^2\varphi \|^2_{B(R)} + \sigma \| \Box\varphi \|^2_{B(R)} \right\},$$

$$\left| (\bar\partial\varphi, 2w\bar\partial w \wedge \varphi)_{B(R)} \right| \leq \frac{1}{2} \left\{ \| w\bar\partial\varphi \|^2_{B(R)} + 4 \| \bar\partial w \wedge \varphi \|^2_{B(R)} \right\},$$

$$\left| (\theta\varphi, *(2w\partial w \wedge * \varphi))_{B(R)} \right| \leq \frac{1}{2} \left\{ \| w\theta\varphi \|^2_{B(R)} + 4 \| \partial w \wedge * \varphi \|^2_{B(R)} \right\}.$$

Sostituendo nella (9) si ottiene

$$\| w\bar\partial\varphi \|^2_{B(R)} + \| w\theta\varphi \|^2_{B(R)} \leq \sigma \| \Box\varphi \|^2_{B(R)} + \frac{1}{\sigma} \| w^2\varphi \|^2_{B(R)} +$$

$$+ 4 \| \bar\partial w \wedge \varphi \|^2_{B(R)} + 4 \| \partial w \wedge * \varphi \|^2_{B(R)} .$$

Ma dalle (6), (7) e (8) conseguono le disuguaglianze

$$\| w\varphi \|^2_{B(R)} \leq \| \varphi \|^2_{B(R)} ,$$

$$\| \bar\partial w \wedge \varphi \|^2_{B(R)} \leq \frac{2n\, c_0 M^2}{(R-r)^2} \| \varphi \|^2_{B(R)} ,$$

$$\| \partial w \wedge * \varphi \|^2_{B(R)} \leq \frac{2n\, c_0 M^2}{(R-r)^2} \| \varphi \|^2_{B(R)} .$$

Poichè $w = 1$ su $B(r)$, si conclude pertanto con la disuguaglianza

$$\| \bar\partial\varphi \|^2_{B(r)} + \| \theta\varphi \|^2_{B(r)} \leq \left(\frac{1}{\sigma} + \frac{16\, n\, c_0 M^2}{(R-r)^2} \right) \| \varphi \|^2_{B(R)} + \sigma \| \Box\varphi \|^2_{B(R)} ,$$

che dimostra la proposizione, ove si ponga $A = 16\, n\, c_0\, M^2$.

Q. E. D.

Corollario. Se $\varphi \in C^{p,q}(X, E) \cap L^{p,q}(X, E)$, e se $\square\, \varphi = 0$ risulta $\bar{\partial}\varphi = 0$, $\theta\varphi = 0$.

Dimostrazione. Posto $R = 2r$ e facendo tendere ε e r a $+\infty$, dalla proposizione precedente segue immediatamente l'asserto.

Teorema. Se E è $W^{p,q}$ - ellittico rispetto ad una metrica sulle fibre di E e rispetto ad una metrica hermitiana completa sulla base X, per ogni forma $\varphi \in C^{p,q}(X, E) \cap L^{p,q}(X, E)$ tale che $\bar{\partial}\varphi = 0$, esiste una forma $\psi \subset C^{p,q-1}(X, E) \cap L^{p,q-1}(X, E)$ per la quale risulta

$$\varphi = \bar{\partial}\psi \quad .$$

Dimostrazione. In base al teorema ed alle considerazioni finali del § 2, esiste una forma $x \in C^{p,q}(X, E) \cap W^{p,q}(X, E)$ tale che

$$\square\, x = \varphi \quad .$$

Poichè

$$\square\, \bar{\partial} x = \bar{\partial}\, \square\, x = \bar{\partial}\varphi = 0 ,$$

applicando il corollario precedente alla forma $\bar{\partial} x \in C^{p,q+1}(X, E) \cap L^{p,q+1}(X, E)$ si conclude che

$$\theta \bar{\partial} x = 0 .$$

Pertanto

$$\varphi = \square\, x = \bar{\partial}\, \theta\, x = \bar{\partial}\psi ,$$

ove si ponga $\psi = \theta x$.

Q. E. D.

Poichè $\mathcal{D}^{p,q}(X, E) \subset L^{p,q}(X, E) \cap C^{p,q}(X, E)$, nelle ipotesi del teorema precedente, ogni (p, q) - forma a supporto compatto, $\bar{\partial}$ - chiusa è il $\bar{\partial}$ di una (p, q-1) - forma di classe C^∞ appartenente a $L^{p,q-1}(X, E)$. Ne consegue, in base all'isomorfismo di Dolbeault, il

Teorema. Se E è $W^{p,q}$ - ellittico rispetto ad una metrica sulle fibre di E e rispetto ad una metrica hermitiana completa su X , l'omomorfismo naturale

$$H^q_k(X, \Omega^p(E)) \rightarrow H^q(X, \Omega^p(E))$$

della coomologia a supporti compatti nella coomologia a supporti chiusi, è l'omomorfismo nullo.

In particolare, se X è compatta e se E è $W^{p,q}$ellittico, risulta

$$H^q(X, \Omega^p(E)) = 0 .$$

Nei due paragrafi successivi stabiliremo un criterio sufficiente per la $W^{p,q}$-ellitticità.

d) Ora vogliamo dedurre dalla proposizione stabilita in questo paragrafo una conseguenza che sarà utile in seguito.

Supponiamo che E sia $W^{p,q}$-ellittico rispetto ad una metrica sulle fibre di E e ad una metrica hermitiana completa su X.

In virtù del teorema stabilito alla fine del paragrafo precedente, per ogni $f \in C^{p,q}(X, E) \cap L^{p,q}(X, E)$ esiste uno ed uno solo $x \in C^{p,q}(X, E) \cap W^{p,q}(X, E)$ tale che

$$(\alpha) \qquad \Box x = f .$$

Vogliamo provare che esiste una costante $c_1 > 0$ tale che, per ogni $f \in C^{p,q}(X, E) \cap L^{p,q}(X, E)$ e per la forma $x \in C^{p,q}(X, E) \cap W^{p,q}(X, E)$ determinata univocamente dalla (α), risulta

$$(\beta) \qquad \|x\| \leq c_1 \|f\| , \quad \|\bar{\partial} x\| \leq c_1 \|f\| , \quad \|\theta x\| \leq c_1 \|f\| .$$

Infatti, dalla proposizione stabilita dianzi si ha che, per ogni coppia di numeri positivi R e r, tali che $R > r$, e per ogni $\sigma > 0$, risulta

$$\| \bar{\partial} x \|^2_{B(r)} + \| \theta x \|^2_{B(r)} \leq \left(\frac{1}{\sigma} + \frac{A}{(R - r)^2}\right) \| x \|^2_{B(R)} + \sigma \| f \|^2_{B(R)} .$$

Posto $R = 2r$ e facendo tendere r a $+\infty$, si ha

$$(\gamma) \qquad \| \bar{\partial} x \|^2 + \| \theta x \|^2 \leq \frac{1}{\sigma} \| x \|^2 + \sigma \| f \|^2 .$$

D'altra parte, poichè E è $W^{p,q}$-ellittico, esiste una costante $c > 0$ tale che, per ogni $\varphi \in W^{p,q}(X, E)$ risulta

$$\| \varphi \|^2 \leq c \left\{ \| \bar{\partial} \varphi \|^2 + \| \theta \varphi \|^2 \right\} .$$

Ponendo in quest'ultima disuguaglianza $\varphi = x$, ed assumendo nella (γ) $\sigma = 2c$, si ottiene

$$\| x \| \leq 2c \| f \| ,$$

e quindi, sostituendo nella (γ) si ha

$$\| \bar{\partial} x \|^2 + \| \theta x \|^2 \leq \left(\frac{4c^2}{\sigma} + \sigma\right) \| f \|^2$$

per ogni $\sigma > 0$. Ponendo in quest'ultima disuguaglianza $\sigma = 2c$, si ottengono le (β), con $c_1^2 = 4c$.

4 - Alcune identità di geometria differenziale.

In questo paragrafo faremo variare gli indici greci fra 1 e n $= \dim_{\mathbb{C}} X$, e gli indici latini fra $1, \ldots\ldots, n, \bar{1}, \ldots\ldots, \bar{n}$.

a) La metrica hermitiana

$$ds^2 = 2 g_{\alpha\bar{\beta}} \, dz^\alpha \, \overline{dz^\beta}$$

definisce su X, intesa come varietà differenziabile C^∞, orientabile, una metrica riemanniana definita positiva, di classe C^∞. Questa, a sua volta definisce una connessione riemanniana le cui componenti locali, rispetto alle coordinate $(z^1, \ldots\ldots, z^n, \bar{z}^1, \ldots\ldots, \bar{z}^n)$, sono

$$\left\{ {\alpha \atop \beta\gamma} \right\} = \frac{1}{2} g^{\alpha\bar{\varepsilon}} \left(\frac{\partial g_{\beta\bar{\varepsilon}}}{\partial z^\gamma} + \frac{\partial g_{\gamma\bar{\varepsilon}}}{\partial z^\beta} \right)$$

$$\left\{ {\alpha \atop \beta\bar{\gamma}} \right\} = \frac{1}{2} g^{\alpha\bar{\varepsilon}} \left(\frac{\partial g_{\beta\bar{\varepsilon}}}{\partial \bar{z}^\gamma} - \frac{\partial g_{\beta\bar{\gamma}}}{\partial \bar{z}^{\varepsilon}} \right)$$

$$\left\{ {\alpha \atop \bar{\beta}\bar{\gamma}} \right\} = 0 \quad ,$$

le altre deducendosi da queste per coniugio ed autoaggiunzone.

La forma di curvatura ha le componenti

$$R^i_{jk\ell} = \frac{\partial}{\partial z^\ell} \left\{ {i \atop jk} \right\} - \frac{\partial}{\partial z^k} \left\{ {i \atop j\ell} \right\} + \left\{ {s \atop jk} \right\} \left\{ {i \atop s\ell} \right\} - \left\{ {s \atop j\ell} \right\} \left\{ {i \atop sk} \right\}$$

$$(i, j, k, \ell = 1, \ldots\ldots, n, \bar{1}, \ldots\ldots, \bar{n}).$$

b) Preso un elemento $\varphi \in C^{p,q}(X, E)$, rappresenteremo localmente φ nel modo seguente

$$\varphi = \left\{ \frac{1}{p!\, q!} \varphi^a_{A\bar{B}} \, dz^A \wedge \overline{dz^B} \right. \qquad (a = 1, \ldots\ldots, m)$$

ove A e B sono blocchi di p e q indici compresi fra 1 e n

$$A = (\alpha_1, \ldots\ldots, \alpha_p) \quad , \quad B = (\beta_1, \ldots\ldots\ldots, \beta_q),$$

e

$$dz^A = dz^1 \wedge \ldots\ldots \wedge dz^p \quad , \quad dz^B = dz^1 \wedge , \ldots . \wedge dz^q .$$

Secondo l'uso, indicheremo con un ";" l'operazione di derivazione covariante rispetto alla connessione riemanniana introdotta in a).

Indicando con Θ il fibrato vettoriale olomorfo tangente a X , definiamo ora un omomorfismo

$$\bar{\nabla} : C^{p,q}(X, E) \rightarrow C^{p,q}(X, E \otimes \Theta),$$

che alla forma $\varphi \in C^{p,q}(X, E)$ associa la forma $\bar{\nabla}\varphi$ espressa localmente dalla

$$(\bar{\nabla}\varphi)^a_{A\bar{B}} = g^{\alpha\bar{\beta}} \varphi^a_{A\bar{B};\bar{\beta}}$$

Per semplicità indicheremo ancora con $A(\bar{\nabla}\varphi, \bar{\nabla}\varphi)^{\frac{1}{2}}$ la lunghezza di $\bar{\nabla}\varphi$ (che, più propriamente dovrebbe indicarsi con $A \quad (\bar{\nabla}\varphi, \bar{\nabla}\varphi)^{\frac{1}{2}}$). Qualora $\bar{\nabla}\varphi \in \mathcal{L}^{p,q}(X, E \otimes \Theta)$ indicheremo con $\|\bar{\nabla}\varphi\|^{E\otimes\Theta}$ la norma di $\bar{\nabla}\varphi$, espressa dalla

$$\|\bar{\nabla}\varphi\|^2 = \int_X A(\bar{\nabla}\varphi, \bar{\nabla}\varphi)\, dX .$$

c) Sia $\varphi \in C^{o,q}(X, E)$ espresso localmente da

$$\varphi = \left\{ \frac{1}{q!} \quad \varphi^a_{\bar{B}} \quad \overline{dz^B} \right\} \qquad (a = 1, \ldots\ldots, m)$$

Le componenti di $\bar{\partial}\varphi \in C^{o,q+1}(X, E)$ sono espresse localmente dalle

$$(10)\qquad (\bar\partial\varphi)^a_{\bar\beta_1\ldots\bar\beta_{q+1}} = (-1)^p\sum_{i=1}^{q+1}(-1)^{i-1}\varphi_{\bar\beta_1\ldots\hat{\bar\beta}_i\ldots\bar\beta_{q+1};\bar\beta_i}\,.$$

Per calcolare le componenti locali di $\theta\varphi \in C^{0,q-1}(X,E)$, indichiamo anzitutto con lo stesso simbolo φ la q-forma

$$\varphi = \frac{1}{q!}\,\varphi^a_{i_1\ldots i_q}\, dz^{i_1}\wedge\ldots\wedge dz^{i_q}$$

i cui coefficienti sono tutti nulli, ad eccezione di $\varphi^a_{\bar\beta_1\ldots\bar\beta_q}$

Dalla (3) segue che

$$\theta\varphi = -*\partial*\varphi - *(1\wedge*\varphi) = -*d*\varphi - *(1\wedge*\varphi),$$

ove 1 è la forma

$$1 = (1^a_{b\beta}\, dz^\beta) \qquad (a,\, b = 1,\ldots\ldots, m;\ \beta = 1,\ldots\ldots, n)$$

espressa dalla (1). Un calcolo diretto mostra allora che (se $q > 0$)

$$(11)\qquad (\theta\varphi)^a_{\bar B'} = -\varphi^{ar}_{\bar B';r} - 1^a_{b\beta}\,\varphi^{a\beta}_{\bar B'}\,,$$

ove B' è un blocco di q-1 indici, ed ove si è posto

$$\varphi^{a\beta}_{\bar B'} = g^{\beta\bar\alpha}\,\varphi^a_{\bar\alpha\,\bar B'}\,,\qquad \varphi^{a\bar\beta}_{\bar B'} = 0\,.$$

Applicando una dopo l'altra la (11) e la (10) si ottiene che

$$(12)\quad (\bar\partial\,\theta\,\varphi)^a_{\bar B} = -\sum_{i=1}^{q}(-1)^{i-1}\Big(\varphi^{ar}_{\bar B'_i;r;\bar\beta_i} + s^a_{b\cdot\bar\beta_i\beta}\,\varphi^{b\beta}_{A\,\bar B'_i} +$$

$$+\, 1^a_b\,\varphi^{b\beta}_{\bar B'_i;\bar\beta_i}\Big),$$

dove $B = (\beta_1, \ldots\ldots, \beta_q)$, $B'_i = (\beta_1, \ldots\ldots, \hat{\beta}_i, \ldots, \beta_q)$ e

$$s = (s^a_{b\bar{\beta}\alpha}\ \overline{dz^\beta} \wedge dz^\alpha)$$

è la espressione locale della forma espressa dalla (2).

Per l'identità di Ricci risulta

$$\sum_{i=1}^q (-1)^{i-1} \varphi^{ar}_{\bar{B}'_i;r;\bar{\beta}_i} = \sum_{i=1}^q (-1)^{i-1} \Big\{ \varphi^{a\beta}_{\bar{B}'_i;\bar{\beta}_i;\beta} + R^{\bar{\beta}}_{\bar{\beta}_i} \varphi^a_{\bar{\beta}\bar{B}'_i} -$$

$$- \sum_j^{1\ldots\hat{i}\ldots q} (-1)^{j-1} R^{\bar{\nu}}{}_{\bar{\beta}_j}{}^{\bar{\beta}}{}_{\bar{\beta}_i} \varphi^a_{\bar{\nu}\bar{\beta}\bar{B}''_{ji}} \Big\}$$

ove $B''_{ji} = (\beta_1, \ldots, \hat{\beta}_j, \ldots, \hat{\beta}_i, \ldots, \beta_q)$, e $R^{\bar{\beta}}_{\bar{\beta}_i} = R^{r\bar{\beta}}{}_{r\bar{\beta}_i}$ è il tensore di Ricci,

Quindi, sostituendo nella (12), si ottiene

$$(13)\quad \sum_{i=1}^q (-1)^{i-1} \varphi^{ar}_{\bar{B}'_i;\bar{\beta}_i;r} = -(\bar{\partial}\,\theta\,\varphi)^a_{\bar{B}} + (\varkappa\varphi)^a_{\bar{B}} -$$

$$- \sum_{i=1}^q (-1)^{i-1} l^a_{b\beta}\, \varphi^{b\beta}_{\bar{B}'_i;\bar{\beta}_i},$$

ove si è posto

$$(\varkappa\varphi)^a_{\bar{B}} = -\sum_{i=1}^q (-1)^{i-1} (s^a_b{}^{\bar{\beta}}{}_{\bar{\beta}_i} \varphi^b_{\bar{\beta}\bar{B}'_i} + R^{\bar{\beta}}_{\bar{\beta}_i} \varphi^a_{\bar{\beta}\bar{B}'_i}) +$$

$$+ \sum_{i,j}^{1\ldots q} (-1)^{i+j} R^{\bar{\nu}}{}_{\bar{\beta}_j}{}^{\bar{\beta}}{}_{\bar{\beta}_i} \varphi^a_{\bar{\nu}\bar{\beta}\bar{B}''_{ji}}.$$

Indicheremo con

$$\varkappa : C^{o,q}(X, E) \longrightarrow C^{o,q}(X, E)$$

l'endomorfismo di $C^{o,q}(X,E)$ che trasforma la forma $\varphi \in C^{o,q}(X,E)$ nella forma $\varkappa\varphi \in C^{o,q}(X,E)$ espressa localmente dalla

$$\varkappa\varphi = \left\{ \frac{1}{q!} (\varkappa\varphi)^a_{\overline{B}} \overline{dz^B} \right\} \quad (a=1,\ldots,m) .$$

d) Ad ogni forma $\varphi \in C^{o,q}(X,E)$ $(q > 0)$ associamo il vettore $\xi = \xi(\varphi)$ di componenti

$$(14) \qquad \xi^\beta = \frac{1}{q} h_{\overline{b}a} \sum_{i=1}^q (-1)^{i-1} \varphi^{a\beta}{}_{\overline{B}'_i;\overline{\beta}_i} \overline{\varphi^{bB}} , \quad \xi^{\overline{\beta}} = 0$$

La divergenza di ξ è espressa dalla

$$\operatorname{div}\xi = \xi^\beta{}_{;\beta} + \xi^{\overline{\beta}}{}_{;\overline{\beta}} = \frac{1}{q} h_{\overline{b}a} \sum_{i=1}^q (-1)^{i-1} \left\{ l^a_{c\beta} \varphi^{c\beta}{}_{\overline{B}'_i;\overline{\beta}_i} \overline{\varphi^{bB}} + \right.$$

$$\left. + \varphi^{ar}{}_{\overline{B}'_i;\overline{\beta}_i;r} \overline{\varphi^{bB}} + \varphi^{a\beta}{}_{\overline{B}'_i;\overline{\beta}_i} \overline{\varphi^{bB}}_{;\overline{\beta}} \right\} ,$$

ossia, per la (13),

$$(15) \quad \operatorname{div}\xi = -\frac{1}{q} A(\overline{\partial}\theta\varphi,\varphi) + \frac{1}{q} A(\varkappa\varphi,\varphi) + h_{\overline{b}a} \varphi^{a\beta}{}_{\overline{B}';\overline{\gamma}} \overline{\varphi^{b\gamma B'}}_{;\overline{\beta}}$$

ove i B' sono blocchi di q-1 indici.

Proviamo la seguente identità [5]

$$(16) \quad \frac{1}{q+1} A(\overline{\partial}\varphi,\overline{\partial}\varphi) + q h_{\overline{b}a} \varphi^{a\beta}{}_{\overline{B}';\overline{\gamma}} \overline{\varphi^{b\gamma B'}}_{;\overline{\beta}} = A(\overline{\nabla}\varphi,\overline{\nabla}\varphi) .$$

Se

$$C = (\gamma_1, \ldots\ldots, \gamma_{q-1})$$

è un qualsiasi blocco di q-1 indici, e se indichiamo con C'_i il blocco

$$C'_i = (\gamma_1, \ldots, \hat{\gamma}_i, \ldots, \gamma_{q-1}) \qquad (i = 1, \ldots, q-1) ,$$

si ha, per la (10),

$$(-1)^p (\bar\partial \varphi)^a{}_{\bar\mu \bar\nu \bar C} = \varphi^a{}_{\bar\nu \bar C ; \bar\mu} + \sum_{i=1}^{q-1} (-1)^{i-1} \varphi^a{}_{\bar\mu \bar\nu \bar C'_i ; \bar\gamma_i} .$$

Pertanto il primo membro della (16) diviene

$$\frac{1}{q+1} A(\bar\partial \varphi, \bar\partial \varphi) + q h_{\bar b a} \varphi^{a\beta}{}_{\bar B ; \bar\gamma} \overline{\varphi^{b\gamma B'}{}_{;\bar\beta}} =$$

$$= h_{\bar b a} \left\{ \frac{1}{q+1} (\bar\partial \varphi)^a{}_{\bar\mu \bar\nu \bar C} \overline{(\partial \varphi)^{b\mu\nu C}} + q \varphi^{a\beta}{}_{\bar B' ; \bar\gamma} \overline{\varphi^{b\gamma B'}{}_{;\bar\beta}} \right. =$$

$$= h_{\bar b a} \left\{ \frac{1}{q+1} \Big((q+1) \varphi^a{}_{\bar\mu \bar C ; \bar\nu} \overline{\varphi^{b\mu C ; \nu}} + \right.$$

$$+ \sum_{i,j=o}^{q} (-1)^{i+j} \varphi^a{}_{\bar\beta_o \dots \hat{\bar\beta}_i \dots \bar\beta_q ; \bar\beta_i} \overline{\varphi^{b \beta_o \dots \hat\beta_j \dots \beta_q ; \beta_j}} \Big) +$$

$$+ q \varphi^{a\beta}{}_{\bar B' ; \bar\gamma} \overline{\varphi^{b\gamma B'}{}_{;\bar\beta}} =$$

$$= A(\bar\nabla \varphi, \bar\nabla \varphi) - \frac{q(q+1)}{q+1} h_{\bar b a} \varphi^{a\beta}{}_{\bar B' ; \bar\gamma} \overline{\varphi^{b\gamma B'}{}_{;\bar\beta}} + q h_{\bar b a} \varphi^{a\beta}{}_{\bar B' ; \bar\gamma} \overline{\varphi^{b\gamma B'}{}_{;\bar\beta}} =$$

$$= A(\bar\nabla \varphi, \bar\nabla \varphi),$$

e la (16) è dimostrata.

In base a quest'ultima identità la (15) assume la forma definitiva

$$(17) \quad \operatorname{div} \xi = -\frac{1}{q} A(\bar\partial \theta \varphi, \varphi) - \frac{1}{q(q+1)} A(\bar\partial \varphi, \bar\partial \varphi) +$$

$$+ \frac{1}{q} A(\bar\nabla \varphi, \bar\nabla \varphi) + \frac{1}{q} A(\chi \varphi, \varphi).$$

e) Sia Θ il fibrato olomorfo tangente a X, Θ^* il fibrato duale, Θ^{*p} la p-esima potenza esterna di Θ^*.

La forma di connessione definita dalla metrica $g_{\bar{\alpha}\beta}$ sulle fibre di Θ è espressa dalla (1) che ora diviene

$$\Gamma^{\alpha}_{\beta\gamma} dz^{\gamma} \quad \text{con} \quad \Gamma^{\alpha}_{\beta\gamma} = g^{\alpha\bar{\sigma}} \frac{\partial g_{\bar{\sigma}\beta}}{\partial z^{\gamma}} .$$

La forma di curvatura è data dalla (2) ossia dalle

$$L^{\alpha}_{\beta}\, \bar{\partial}\, \gamma\, \overline{dz^{\delta}} \wedge dz^{\gamma} = \bar{\partial}\,(\Gamma^{\alpha}_{\beta\gamma}\, dz^{\gamma}) = \frac{\partial \Gamma^{\alpha}_{\beta\gamma}}{\partial \bar{z}^{\delta}}\, \overline{dz^{\delta}} \wedge dz^{\gamma}$$

Le matrici hermitiane locali $(g^{\alpha\bar{\beta}})$ definiscono una metrica su Θ^*, la cui forma di curvatura è espressa dalla

$$L^{\alpha}_{\beta\bar{\delta}\gamma}\, dz^{\gamma} \wedge \overline{dz^{\delta}} .$$

Ogni forma $\varphi \in C^{p,q}(X, E)$ può essere considerata come una (0, q) - forma a valori nel fibrato $E \otimes \Theta^{*p}$, e viceversa. In altre parole esiste un isomorfismo naturale di $C^{p,q}(X, E)$ su $C^{0,q}(X, E \otimes \Theta^{*p})$ che alla forma

$\varphi = \left\{ \frac{1}{p!\, q!}\, \varphi^{a}_{A\bar{B}}\, dz^{A} \wedge \overline{dz^{B}} \right\} \in C^{p,q}(X, E)$ associa la forma $\tilde{\varphi} \in C^{0,q}(X, E \otimes \Theta^{*p})$ espressa localmente dalla

$$\tilde{\varphi} = \left\{ \frac{1}{q!}\, \varphi^{a}_{A\bar{B}}\, \overline{dz^{B}} \right\} .$$

Si verifica che

$$\widetilde{\bar{\partial}\varphi} = (-1)^{p}\, \bar{\partial}\, \tilde{\varphi} ,$$

e che, fissata su Θ^{*p} la metrica indotta da $(g^{\alpha\bar{\beta}})$, si ha $A_{E\otimes\Theta^{*p}}(\tilde{\varphi}, \tilde{\varphi}) = A_E(\varphi, \varphi)$ ed inoltre

$$\widetilde{\vartheta_E \varphi} = (-1)^{p}\, \theta_{E\otimes\Theta^{*p}}\, \tilde{\varphi} ,$$

onde segue che

$$\widetilde{\square_E \varphi} = \square_E \otimes \Theta^{*p}\, \tilde{\varphi} \qquad .$$

Estendiamo ad ogni $p \geqslant 0$ la definizione dell'endomorfismo

$\varkappa : C^{pq}(X, E) \longrightarrow C^{pq}(X, E)$, introdotto nel § 4 c) per $p = 0$, ponendo

$$\widetilde{\varkappa \varphi} = \varkappa \tilde{\varphi} \ .$$

Dalla (17) segue allora la

$$(17') \quad \operatorname{div} \xi (\tilde{\varphi}) = \frac{1}{q} A(\bar{\partial}\, \theta\, \varphi, \varphi) - \frac{1}{q(q+1)} A(\bar{\partial} \varphi, \bar{\partial} \varphi) + $$
$$+ \frac{1}{q} A(\bar{\partial} \tilde{\varphi}, \bar{\partial} \varphi) + \frac{1}{q} A(\bar{\bar{\nabla}} \tilde{\varphi}, \bar{\bar{\nabla}} \tilde{\varphi}) + \frac{1}{q} A(\varkappa \varphi, \varphi) \ .$$

Osserviamo che l'endomorfismo $\varkappa$ è hermitiano, nel senso che $A(\varkappa \varphi, \varphi)$ è sempre reale.

§ 5 - Condizioni sufficienti per la W-ellitticità.

In questo paragrafo supporremo che la metrica hermitiana fissata in X sia completa.

Riprendendo le notazioni e le argomentazioni del § 3 a) e b), consideriamo in particolare la funzione $w = w(x)$ introdotta nel § 3 b), e proviamo il seguente

Lemma. Se la metrica su X è completa, esiste una costante positiva $c > 0$ tale che, per ogni forma $\varphi \in C^{p,q}(X, E)$ $(q > 0)$ e per ogni coppia di numeri positivi $R > r > 0$, risulta

$$\| \overline{\nabla} \tilde{\varphi} \|^2_{B(r)} \leqslant \frac{2}{q+1} \| \bar{\partial} \varphi \|^2_{B(R)} + 3 \| \theta \varphi \|^2_{B(R)} + \frac{c}{(R-r)^2} \| \varphi \|^2_{B(R)} - 2(\varkappa w \varphi, w \varphi)_{B(R)} .$$

Dimostrazione. Consideriamo il vettore localmente lipschitziano $w^2 \xi = w^2 \xi(\tilde{\varphi})$. Poichè il supporto di $w^2 \xi$ è contenuto in B(R), dalla formula di Green segue che

$$(18) \qquad \int_{B(R)} w^2 \operatorname{div} \xi \, dX + \int_{B(R)} \operatorname{grad} w^2 \times \xi \, dX = 0 .$$

Dalla (17) si ha pertanto che

$$(19) \qquad \| w \overline{\nabla} \tilde{\varphi} \|^2_{B(R)} + (\varkappa w \varphi, w \varphi)_{B(R)} \leq q \left| \int_{B(R)} \operatorname{grad} w^2 \wedge \xi \, dX \right| + \left| (\bar{\partial} \theta \varphi, w^2 \varphi)_{B(R)} \right| + \frac{1}{q+1} \| w \bar{\partial} \varphi \|^2_{B(R)}$$

Poichè la forma lipschitziana $w^2 \varphi$ è nulla sulla frontiera di B(R), risulta per la (4)

$$(\bar{\partial}\theta\varphi, w^2\varphi)_{B(R)} = (\theta\varphi, \theta w^2\varphi)_{B(R)} ,$$

ove $\theta w^2\varphi$ è espresso quasi dappertutto dalla

$$\theta w^2\varphi = w^2\theta\varphi - *(\partial w^2 \wedge *\varphi) .$$

Pertanto, per la disuguaglianza di Schwarz, risulta

$$\left|(\bar{\partial}\theta\varphi, w^2\varphi)_{B(R)}\right| = \left|(\theta\varphi, \theta w^2\varphi)_{B(R)}\right|$$

$$\leq \|w\theta\varphi\|^2_{B(R)} + \left|(\theta\varphi, *(\partial w^2 \wedge *\varphi))_{B(R)}\right|$$

$$\leq \|w\theta\varphi\|^2_{B(R)} + \frac{1}{2}\|\vartheta\varphi\|^2_{B(R)} + \frac{1}{2}\|\partial w^2\wedge *\varphi\|^2_{B(R)}$$

$$\leq \frac{3}{2}\|\theta\varphi\|^2_{B(R)} + \frac{1}{2}\|\partial w^2\wedge *\varphi\|^2_{B(R)} ,$$

e quindi, per la (8),

$$(20) \quad \left|(\bar{\partial}\theta\varphi, w^2\varphi)_{B(R)}\right| \leq \frac{3}{2}\|\theta\varphi\|^2_{B(R)} + \frac{4 n c_0 M^2}{(R-r)^2}\|\varphi\|^2_{B(R)} .$$

Occupiamoci ora del secondo addendo della (18), il cui integrando è

$$\operatorname{grad} w^2 \times \xi = \frac{1}{q}(w^2)_{;\beta}\, h_{\bar{b}a}\, \varphi^{a\beta}_{A\,\overline{B'};\bar{\gamma}}\, \overline{\varphi^{bA\gamma B'}}$$

La (0, q - 1) - forma rappresentata localmente dalle

$$(w^2)_{;\beta}\, \varphi^{a\beta\,;\bar{\gamma}}_{A\,\overline{B'}}\, \overline{dz^{B'}} \qquad (a = 1, \ldots\ldots, m;\ \gamma = 1, \ldots\ldots, n)$$

appartiene a $C^{p,q-1}(X, E \otimes \Theta \otimes \Theta^{*p})$. Si verifica che essa può scriversi come

$$\pm * M_1 (\partial w^2 \wedge * \bar{\nabla} \tilde{\varphi}) ,$$

ove la costante numerica M_1 e la scelta del segno $\pm$ dipendono soltanto da p, q e n.

Per la diseguaglianza di Schwarz e per il lemma 2 del § 3, si ha

$$\left| \int_{B(R)} \operatorname{grad} w^2 \times \xi \, dX \right| \leq \frac{M_1}{q} \| \partial w^2 \wedge \bar{\nabla} \tilde{\varphi} \|_{B(R)} \| \varphi \|_{B(R)}$$

$$\leq 2 \frac{M_1}{q} \frac{M}{R - r} \| w \bar{\nabla} \tilde{\varphi} \|_{B(R)} \| \varphi \|_{B(R)}$$

$$\leq \frac{MM_1}{q} \left\{ \frac{1}{\varepsilon (R - r)^2} \|\varphi\|^2_{B(R)} + \varepsilon \| w \bar{\nabla} \tilde{\varphi} \|^2_{B(R)} \right\}$$

per ogni $\varepsilon > 0$.

Sostituendo quest'ultima disuguaglianza e la (20) nella (19) si ottiena per ogni $\varepsilon > 0$,

$$(1 - \varepsilon M M_1) \| w \bar{\nabla} \tilde{\varphi} \|^2_{B(R)} \leq \frac{1}{q + 1} \| w \bar{\partial} \varphi \|^2_{B(R)} + \frac{3}{2} \| \theta \varphi \|^2_{B(R)} +$$

$$+ \frac{M}{(R - r)^2} \left(\frac{M_1}{\varepsilon} + 2n c_0 M \right) \|\varphi\|^2_{B(R)} - (\varkappa w \varphi , w \varphi)_{B(R)} ,$$

onde, ponendo $\varepsilon = \frac{1}{2MM_1}$ e $c = 2M \left(\frac{M_1}{\varepsilon} + 2 n c_0 M \right)$, segue la disuguaglianza che volevamo dimostrare.

Ponendo R = 2r e facendo tendere $r \to +\infty$, dal lemma precedente si ottiene la

Proposizione 1. Se la metrica hermitiana scelta su X è una metrica completa, ogni forma $\varphi \in C^{p,q}(X, E)$ $(q > 0)$ tale che

$$\|\varphi\| < +\infty\ , \quad \|\bar\partial\varphi\| < +\infty\ , \quad \|\theta\varphi\| < +\infty\ ,$$

soddisfa alla disuguaglianza

$$(21)\qquad 2\limsup_{r\to+\infty}(\varkappa w\varphi, w\varphi)_{B(2r)} + \|\bar\nabla\tilde\varphi\|^2 \leq \frac{2}{q+1}\|\bar\partial\varphi\|^2 + 3\|\theta\varphi\|^2.$$

Supponiamo che in ogni punto $x\in X$ risulti

$$A(\varkappa\varphi, \varphi) \geqslant 0 \qquad \text{per ogni} \quad \varphi\in C^{p,q}(X,E).$$

Nelle ipotesi della proposizione precedente, dalla (21) segue che

$$\limsup_{r\to+\infty}(\varkappa w\varphi, w\varphi)_{B(2r)}$$

e $\|\bar\nabla\varphi\|$ sono limitati. Inoltre, per la (22) e poichè $w = 1$ su $B(r)$ risulta

$$0 \leq (\varkappa\varphi, \varphi)_{B(r)} = (\varkappa w\varphi, w\varphi)_{B(r)} \leq (\varkappa w\varphi, w\varphi)_{B(2r)}$$

Pertanto

$$(\varkappa\varphi, \varphi) = \lim_{r\to+\infty}(\varkappa\varphi, \varphi)_{B(r)} < +\infty\ ,$$

e quindi vale la

Proposizione 2. Se la metrica hermitiana scelta in X è una metrica hermitiana completa e se in ogni punto $x\in X$ e per ogni $\varphi\in C^{p,q}(X,E)$ $(q > 0)$ si ha

$$A(\varkappa\varphi, \varphi) \geqslant 0$$

allora, per tutte le forme $\varphi\in C^{p,q}(X,E)$ $(q > 0)$ tali che

$$(22)\qquad \|\varphi\| < +\infty\ , \quad \|\bar\partial\varphi\| < +\infty\ , \quad \|\theta\varphi\| < +\infty\ ,$$

$(\varkappa\varphi,\varphi)$ e $\|\bar\nabla\tilde\varphi\|$ sono finiti, ed inoltre

$$2(\varkappa\varphi,\varphi) + \|\bar{\nabla}\tilde{\varphi}\|^2 \leq \frac{2}{q+1}\|\bar{\partial}\varphi\|^2 + 3\|\theta\varphi\|^2 .$$

Corollario. Se la metrica hermitiana scelta in X è una metrica hermitiana completa, e se esiste una costante positiva k tale che per ogni $\varphi \in C^{p,q}(X,E)$ $(q > 0)$ ed in ogni punto $x \in X$ risulti

$$A(\varkappa\varphi,\varphi) \geq k\,A(\varphi,\varphi),$$

allora per tutte le forme $\varphi \in C^{p,q}(X,E)$ per le quali valgano le (22) si ha

$$2k\|\varphi\|^2 + \|\bar{\nabla}\tilde{\varphi}\|^2 \leq \frac{2}{q+1}\|\bar{\partial}\varphi\|^2 + 3\|\theta\varphi\|^2 .$$

In particolare E è $W^{p,q}$ - ellittico.

BIBLIOGRAFIA

[1] A. ANDREOTTI-E. VESENTINI, Sopra un teorema di Kodaira, Annali Scuola Normale Superiore, Pisa, (3) 15 (1961), 283 - 308.

[2] A. ANDREOTTI-E. VESENTINI, Les Théorèmes fondamentaux de la théorie des espaces holomorphiquement complets, Séminaire Ehresmann, 1962.

[3] F. HIRZERBRUCH, Neue topologische Methoden in der algebraischen Geometrie, Springer, Berlin, 1956 .

[4] K. KODAIRA, On a differential geometric method in the theory of analytic stacks. Pros. Nat. Acad. Sc. USA , 39 (1953), 1268-1273.

[5] K. YANO-S. BOCHNER, Curvature and Betti numbers, Annals of Mathematics Studies, n32; Princeton, 1953.

CENTRO INTERNAZIONALE MATEMATICO ESTIVO

(C.I.M.E.)

ALDO ANDREOTTI

COOMOLOGIA SULLE VARIETA' COMPLESSE, II.

ROMA - Istituto Matematico dell'Università

COOMOLOGIA SULLE VARIETA' COMPLESSE, II

Aldo Andreotti

§ 1

1 - Il teorema di annullamento forte . Sia X una varietà complessa paracompatta e di dimensione complessa n ; sia E un fibrato olomorfo su X ed h una metrica hermitiana sulle fibre di E.

Sia $g : X \longrightarrow R$ una funzione differenziabile su X tale che

$$g(x) > 0 \qquad \forall x \in X$$

allora g h è una nuova metrica hermitiana sulle fibre di E .

Supponiamo di aver fissato una metrica hermitiana ds^2 sulla varietà X ed una metrica h sulle fibre di E ; supponiamo inoltre che esista una funzione differenziabile $p: X \longrightarrow R$ soddisfacente alle seguenti condizioni

i) $p \geqslant 0$ in ogni punto di X

ii) per ogni funzione $\lambda(t)$ convessa, crescente e C^∞ sul semiasse reale $0 \leq t < \infty$, il fibrato E sia $W^{r,s}$-ellittico rispetto alla metrica ds^2 sulla base ed alla mètrica $e^{\lambda(p)}h$ sulle fibre la costante d'ellitticità essendo indipendente da λ, (i.e. $\forall \varphi \in \mathcal{D}^{r,s}(X, E)$ si abbia

$$(\varphi, \varphi)_\lambda \leqslant c \left\{ (\bar\partial \varphi, \bar\partial \varphi)_\lambda + (\vartheta \varphi, \vartheta \varphi)_\lambda \right\}$$

l'indice λ indicando la dipendenza del prodotto scalare dalla scelta di λ, $c > 0$ indipendente da λ).

Si ha allora il

Teorema : nelle ipotesi specificate per ogni $f \in \mathcal{D}^{r,s}(X, E)$ tale che $\bar\partial f = 0$ e per ogni $\varepsilon > 0$ si può trovare una forma $\eta \in C^{r,s-1}(X, E)$ tale che

i) $\bar\partial \eta = f$

ii) $\operatorname{supp} \eta \subset \left\{ x \in X \mid p(x) \leqslant \operatorname{Max}_{\operatorname{supp}(f)} p + \varepsilon \right\}$.

Osservazione . Se alle ipotesi specificate sulla funzione p si aggiunge la seguente:

iii) per ogni $c \in R$ l'insieme

$$\left\{ x \in X \mid p(x) < c \right\}$$

è relativamente compatto in X allora risulta

$$H_k^{r,s}(X, E) = 0$$

Dimostrazione del teorema . α) Abbiamo osservato che cambiando la metrica sulle fibre di E il prodotto scalare (φ, φ) cambia; se per $\lambda = 0$ si ha

$$(\varphi, \psi) = \int_X A(\varphi, \psi)\, dX$$

per λ qualsiasi risulta

$$(\varphi, \psi)_\lambda = \int_X e^{\lambda(p)} A(\varphi, \psi)\, dX.$$

In generale indicheremo con un indice λ la dipendenza di un oggetto dalla scelta di λ .

β) Per ogni scelta di λ in virtù della supposta $W^{r,s}$-ellitticità sappiamo che esiste $x_\lambda \in W_\lambda^{r,s}(X, E)$ tale che

$$f = \bar{\partial}\, \vartheta_\lambda x_\lambda$$

(mentre $\vartheta_\lambda \bar{\partial} x_\lambda = 0$). Poniamo

$$\psi_\lambda = \vartheta_\lambda x_\lambda$$

Poichè f è C^∞ x_λ è pure C^∞ e perciò

$$\psi_\lambda \in C^{r,s-1}(X, E) \cap L^{r,s-1}(X, E) .$$

Per la disuguaglianza di Stampacchia si ha, per ogni $\sigma > 0$;

(1) $$(\bar{\partial} x_\lambda, \bar{\partial} x_\lambda) + (\vartheta_\lambda x_\lambda, \vartheta_\lambda x_\lambda) \leq \frac{1}{\sigma}(f,f)_\lambda + \sigma (x_\lambda, x_\lambda)_\lambda$$

Ma poichè $x_\lambda \in W_\lambda^{r,s}(X,E)$ si ha anche

(2) $$(x_\lambda, x_\lambda)_\lambda \leq c \left\{ (\bar{\partial} x_\lambda, \bar{\partial} x_\lambda)_\lambda + (\vartheta_\lambda x_\lambda, \vartheta_\lambda x_\lambda)_\lambda \right\}$$

con $c > 0$ indipendente da λ.

Dalle (1) e (2) per $\sigma = \frac{1}{2c}$ si ottiene

$$(\bar{\partial} x_\lambda, \bar{\partial} x_\lambda)_\lambda + (\vartheta_\lambda x_\lambda, \vartheta_\lambda x_\lambda)_\lambda \leq 4c\,(f,f)_\lambda$$

ed in particolare la disuguaglianza

(3) $$(\psi_\lambda, \psi_\lambda) < 4c\,(f,f)_\lambda$$

γ) La disuguaglianza (3) è una disuguaglianza del tipo di Carlemann. In forma più esplicita si scrive:

(4) $$\int_X e^{\lambda(p)} A(\psi_\lambda, \psi_\lambda) dX \leq 4c \int_X e^{\lambda(p)} A(f,f) dX .$$

Sia $c_0 = \operatorname{Max}_{\operatorname{supp}(f)} p$ e sia $\sigma(t)$ una funzione C^∞ convessa crescente tale che

$$\sigma(t) = 0 \quad \text{per} \quad 0 \leq t \leq c_0$$

$$\sigma(t) > 0 \quad \text{per} \quad t > c_0$$

Poniamo $\lambda(t) = m\sigma(t)$ con m intero > 0.

Risulta dalla (4) (posto $\psi_\lambda = \psi_m$) :

$$\int_X e^{m\sigma(p)} A(\psi_m, \psi_m) dX \leq 4c \int_{p<c_0} A(f,f) dX.$$

D'altra parte $e^{m\sigma(p)} \geq 1$ onde

$$\int_X A(\psi_m, \psi_m) dX \leq \int_X e^{m\sigma(p)} A(\psi_m, \psi_m) dX$$

Quindi la successione $\{\psi_m\}_{m>0}$ è contenuta nella palla unità dello spazio $L_0^{r,s-1}(X,E)$. In virtù della compattezza debole della palla unità d'uno spazio di Hilbert (cf. Kolmogorov-Fomin vol. I, pag. 94) si può estrarre dalla successione $\{\psi_m\}$ una sottosuccessione $\{\psi_{m_\nu}\}$ debolmente convergente ad un elemento $\psi \in L^{r,s-1}(X,E)$.

Nel senso delle distribuzioni risulta

$$\bar{\partial}\psi = f$$

[infatti per $u \in \mathcal{D}^{r,s}(X,E)$ si ha $\bar{\partial}\psi[u] = (\vartheta u, \psi) = \lim(\vartheta u; \psi_{m_\nu}) =$

$$= (u, f) = f[u] \quad .$$

Infine si ha :

$$\int_{p \geq c_0 + \varepsilon} e^{m\,\sigma(p)} A(\psi_m, \psi_m) dX \leq C(f)$$

(ove $C(f)$ è una costante indipendente da m) e quindi

$$\int_{p \geq c_0 + \varepsilon/2} A(\psi_m, \psi_m) dX \leq e^{-m\,\sigma(c_0 + \varepsilon/2)} C(f)$$

Per $m \longrightarrow \infty$ risulta che il 2^0 membro tende a 0 e quindi

$$\text{supp}\,\psi \subset \{ x \in X \mid p(x) \leq c_0 + \varepsilon/2 \} \ .$$

δ) Abbiamo quindi risolto il problema propostoci in distribuzioni.

Ingrandendo leggermente il supporto si può allora trovare una η C^∞ analoga a ψ cioè

$$\eta \in C^{r,s-1}(X,E) \qquad , \ \eta = \psi + \bar{\partial}\mu$$

μ distribuzione e

$$\text{supp}\,\eta \subset \{ x \in X \mid p(x) \leq c_0 + \varepsilon \} \quad .$$

Osservazione. Si può dimostrare che nelle stesse ipotesi il gruppo $H_k^{r,s+1}(X,E)$ ha topologia separata (cioè lo spazio $\bar{\partial}\mathcal{D}^{r,s}(X,E)$ è chiuso in $\mathcal{D}^{r,s+1}(X,E)$).

§ 2

1. Varietà q-pseudo-convesse e q-complete a) Sia X una varietà complessa e $p : X \longrightarrow R$ una funzione C^∞. Sia $x_0 \in X$ e siano $z_1, \ldots, z_n$ coordinate locali olomorfe nelle vicinanze di x_0. Consideriamo la forma hermitiana

$$\mathcal{L}(p)_{x_0} = \sum \left(\frac{\partial^2 p}{\partial z_\alpha \partial \bar{z}_\beta} \right)_{x_0} u^\alpha \bar{u}^\beta$$

(forma di E.E. Levi della funzione p nel punto x_0).

Un cambiamento olomorfo di coordinate non cambia la segnatura della forma di Levi.

Diremo che la funzione p, è fortemente q-pseudo-convessa se in ogni punto $x_0 \in X$ la forma di Levi di p ha n-q-valori propri > 0. Una funzione fortemente 0-convessa è una funzione fortemente plurisubarmonica.

Una funzione C^∞ convessa e strettamente crescente d'una funzione fortemente q-pseudoconvessa è ancora tale.

Diremo che la varietà X è una varietà q-completa se esiste su X una funzione $p : X \longrightarrow R$, C^∞, fortemente q-pseudoconvessa e tale che per ogni $c \in R$ l'insieme

$$B_c = \left\{ x \in X \mid p(x) < c \right\}$$

sia relativamente compatto in X.

Diremo che X è una varietà q-pseudoconvessa se esiste in X una funzione $p : X \longrightarrow R$, C^∞, ed un compatto K tali che

i) p sia fortemente q-pseudoconvessa su $X - K$

ii) gli insiemi

$$B_c = \left\{ x \in X \mid p(x) < c \right\} \qquad c \in R$$

sono relativamente compatti in X.

b) <u>Esempi</u> : 1. Lo spazio $\mathbb{C}^n$ è una varietà 0-completa basta prendere $p = \sum z_\alpha \bar{z}_\alpha$

2. La palla

$$\left\{ z \in \mathbb{C}^n \mid \sum z_\alpha \bar{z}_\alpha < 1 \right\}$$

è una varietà 0-completa. Infatti se $\lambda(t)$ $0 \leq t < 1$ è una funzione C^∞ convessa e strettamente crescente ($\lambda' \geq 0$ $\lambda'' > 0$) e tale che $\lambda(t) \longrightarrow +\infty$ per $t \longrightarrow 1$ allora $p = \lambda(\sum z_\alpha \bar{z}_\alpha)$ è fortemente plurisubarmonica e "tende all'infinito al bordo" (es. $\lambda = \frac{1}{1-t}$).

3. Sia f una funzione olomorfa non identicamente nulla su $\mathbb{C}^n$ e sia

$$X = \left\{ z \in \mathbb{C}^n \mid f(z) \neq 0 \right\}$$

La varietà X è 0-completa ; $p = \sum z_\alpha \bar{z}_\alpha - \log f\bar{f}$.

4. Più in generale siano $f_1, \ldots . f_k$ n-k funzioni olomorfe su $\mathbb{C}^n$ e non identicamente nulle. Sia

$$Y = \left\{ x \in \mathbb{C}^n \mid f_1(z) = \ldots . = f_k(z) = 0 \right\} \qquad \text{e sia } X = \mathbb{C}^n - Y$$

Allora X è una varietà $k - 1$ completa (si prenda $p = \sum z_\alpha \bar{z}_\alpha - \log \sum f_i \bar{f}_i$ e si osservi che

$$\partial \bar{\partial}(\log \sum f_i \bar{f}_i) = \frac{1}{(\sum f_i \bar{f}_i)^2} \sum_{i<j} \left\| \begin{matrix} f_i & f_j \\ df_i & df_j \end{matrix} \right\|^2$$

esiste quindi in ogni punto uno spazio lineare di dimensione $n - k + 1$ sul quale la forma di Levi di $-\log \sum f_i \bar{f}_i$ è nulla).

5. Il prodotto $X_1 \times X_2$ d'una varietà q_1-completa X_1 per una varietà q_2-completa è (q_1+q_2)-completo.

6. Sia

$$W = \left\{ (z,t) \in \mathbb{C}^n \times P_{n-1}(\mathbb{C}) \quad z_i t_j = z_j t_i \right\}$$

$t=(t_1, \ldots\ldots, t_n)$ essendo coordinate omogenee in $P_{n-1}(\mathbb{C})$.

L'applicazione $\pi : (z,t) \longrightarrow z$ di $W \xrightarrow{\pi} \mathbb{C}^n$ è olomorfa e biolomorfa al di fuori dell'origine $0 \in \mathbb{C}^n$ mentre $S = \pi^{-1}(0)$ è isomorfo allo spazio proiettivo $P_{n-1}(\mathbb{C})$.

In $\mathbb{C}^n$ si consideri il sottoinsieme Y di cui all'esempio 4, e si supponga che $0 \notin Y$; sia poi $X = \pi^{-1}(\mathbb{C}^n - Y)$. Su X si può considerare la funzione $p^* = \pi^* p$ che è ivi C^∞ e tale che le parti $\left\{ p^* < \text{cost} \right\}$ sono relativamente compatte. Su $X - S$ p è inoltre fortemente $(n-k+1)$-pseudoconvessa ma non su S. X è una varietà $(k-1)$-pseudoconvessa ma non $(k-1)$-completa.

2. <u>I teoremi di annullamento e finitezza per la coomologia</u> a) Si dimostra che ogni varietà 0-completa è una varietà di Stein e viceversa. Per le varietà di Stein H. Cartan e J. P. Serre hanno dimostrato il seguente teorema

<u>Teorema</u> <u>Per una varietà di Stein</u> X , <u>di dimensione complessa</u> n, <u>e per ogni fibrato olomorfo</u> E <u>su</u> X <u>si ha</u>

$$H_k^{r,s}(X,E) = 0 \qquad \text{se} \qquad s<n$$

In generale per una varietà X q-completa si dimostra il seguente

<u>Teorema</u>. <u>Se</u> X <u>è q-completa per ogni fibrato olomorfo</u> E <u>su</u> X <u>si ha</u>

$$H_k^{r,s}(X,E) = 0 \qquad \text{per} \qquad s<n-q$$

b) Per una varietà 0-pseudoconvessa, H. Grauert ha dimostrato il seguente

<u>Teorema. Se X è 0-pseudoconvessa allora per ogni fibrato olomorfo E su X si ha</u>

$$\dim_{\mathbb{C}} H_k^{r,s}(X,E) < \infty \qquad \text{per} \quad s<n$$

In generale per una varietà q-pseudoconvessa si ha il

<u>Teorema. Se X è q-pseudoconvessa allora per ogni fibrato olomorfo E su X si ha</u>

$$\dim_{\mathbb{C}} H_k^{r,s}(X,E) < \infty \qquad \text{per} \quad s<n-q$$

3. <u>Dimostrazione del teorema di annullamento.</u> a) Sia X q-completa $p : X \longrightarrow R$ C^∞ e fortemente q-pseudoconvessa.

Sia

$$\mathcal{L}(p)_{x_0} = \sum \left(\frac{\partial^2 p}{\partial z_\alpha \partial \bar{z}_\beta}\right) d z_\alpha d \bar{z}_\beta$$

la forma di Levi di p .

Sia

$$ds^2 = 2 \sum g_{\alpha\bar{\beta}} \, dz_\alpha \, d\bar{z}_\beta$$

una metrica hermitiana su X.

Calcoliamo i valori propri di $\mathcal{L}(p)$ rispetto al ds^2 .

Questi sono le soluzioni dell'equazione

$$\det \ (H - \lambda G) = 0$$

ove $H = \left(\frac{\partial^2 p}{\partial z_\alpha \partial \bar{z}_\beta}\right)$ e $G = (2 g_{\alpha\bar{\beta}})$

Siano essi

$$\varepsilon_1(x) \geq \varepsilon_2(x) \geq \ldots\ldots \geq \varepsilon_{n-q}(x) \geq \ldots\ldots \geq \varepsilon_n(x)$$

Le $\varepsilon_i(x)$ sono funzioni continue su X e dipendono dalla scelta del

ds^2 e dalla scelta della funzione p

In ogni caso se p è fortemente q-pseudoconvessa i primi n-q degli ε_i sono ovunque > 0.

Vale il lemma seguente di facile dimostrazione

Lemma. Siano $c_1 > 0$, $c_2 > 0$ due costanti positive; sia $g: X \to R$ una funzione continua. Si può allora scegliere su X una metrica completa hermitiana ds^2 e trovare una funzione $\sigma: R \to R$ tale che per ogni funzione $\lambda(t)$ $0 < t < \infty$ C^∞, convessa crescente e verificante

$$\frac{d\lambda(t)}{dt} \geqslant \sigma(t)$$

i valori propri di $\mathcal{L}(\lambda(p))$ rispetto al ds^2 verificano ovunque la disuguaglianza

$$c_1 \varepsilon_{n-q}(x) - c_2 \sup(0, -\varepsilon_n(x)) > g(x).$$

La dimostrazione si fa facendo vedere dapprima che esiste una metrica hermitiana ds^2 su X per cui i valori propri di $\mathcal{L}(p)$ rispetto al ds^2 verificano

$$c_1 \varepsilon_{n-q}(x) - c_2 \sup(0, -\varepsilon_n(x)) > 0 \quad .$$

Moltiplicando la metrica per una funzione $f(x) > 0$ C^∞ la si può rendere completa

Infine sfruttando l'ipotesi che gli insiemi $B_c = \{ p<c \}$ sono relativamente compatti si può determinare la funzione σ di cui sopra.

4. Consideriamo l'anti isomorfismo

$$\tau : C^{r,s}(X, E) \longrightarrow C^{n-r,n-s}(X, E^*)$$

definito da

$$\varphi^{r,s} \longrightarrow * \# \varphi^{r,s}$$

Si verifica che

$$\|\varphi\| = \|\tau\varphi\|$$
$$\|\bar\partial\varphi\| = \|\vartheta_{E^*}\tau\varphi\|$$
$$\|\vartheta_E\varphi\| = \|\bar\partial\tau\varphi\|$$

Applicando la disuguaglianza di Kodaira a $\tau\varphi$ $(n-s>0)$ si ha

$$\limsup_{r\to\infty} (K(\tau\varphi),\tau\varphi)_{B(r)} \leq c\left\{(\bar\partial\varphi,\bar\partial\varphi)+(\vartheta\varphi,\vartheta\varphi)\right\}$$

con c indipendente dalla metrica sulle fibre.

In virtù d'un criterio stabilito in "Coomologia sulle varietà complesse", I. di E. Vesentini, basterà stabilire che rispetto alla metrica $e^{\lambda(p)}h$ sulle fibre (per λ del lemma) si ha

$$A(K(\tau\varphi),\tau\varphi) > c\,A(\varphi,\varphi)$$

con c indipendente da λ.

Ora un calcolo semplice dimostra che se $s<n-q$ esistono 2 costanti $c_1, c_2>0$ universali ed una funzione $f(x)$ continua su X e dipendente solo dal ds^2 tali che (si riducono nel punto x ds^2 e h a forma diagonale)

$$A(K(\tau\varphi),\tau\varphi) \geq \left[c_1\,\varepsilon_{n-q}(x) - c_2\sup(0,-\varepsilon_h(x)) - f(x)\right] A(\varphi,\varphi)$$

Scegliendo $g(x) = f(x)+1$ ne risulta la tesi.

§ 3

1. Il lemma dei foruncoli a) Sia X una varietà complessa e B un aperto a frontiera $\partial B = \bar{B} - B$ compatta; supponiamo che in un intorno U di ∂B esista una funzione $p : U \longrightarrow R$ C^{∞} fortemente q-pseudoconvessa e tale che

$$B \cap U = \left\{ x \in U \mid p(x) < 0 \right\}$$

Sia $\mathcal{U} = \left\{ U_i \right\}_{1 \leq i \leq t}$ un ricoprimento finito di ∂B con palle coordinate $U_i \subset U$.

Scegliamo t funzioni C^{∞} ρ_i per $1 \leq i \leq t$ tali che $\rho_i \geq 0$, $\operatorname{supp} \rho_i \subset\subset U_i$, $\sum \rho_i(x) > 0$ $\forall$ x di un intorno di ∂B.

Consideriamo le funzioni

$$p_s = p + \varepsilon_1 \rho_1 + \ldots\ldots + \varepsilon_s \rho_s \qquad 0 \leq s \leq t$$

ove $\varepsilon_1 \ldots\ldots \varepsilon_s$ sono scelti > 0 ma così piccoli di modo che ciascuna delle funzioni p_s sia fortemente q-pseudoconvessa in U .

Poniamo

$$B^s = (B - U) \cup \left\{ x \in U \mid p_s < 0 \right\}$$

Siccome

$$p_s \leq p_{s+1} \qquad \text{per} \qquad 0 \leq s \leq t-1$$

risulta

$$B = B^0 \supset B^1 \supset B^2 \supset \ldots\ldots\ldots \supset B^t$$

Siccome

$$p_{s+1} - p_s = \varepsilon_{s+1} \rho_{s+1}$$

risulta

$$B^s - B^{s+1} \subset\subset U_{s+1} \qquad \text{per } 0 \leq s \leq t-1 \, .$$

Siccome

$$\sum \varepsilon_i \rho_i (x) > 0 \qquad \text{per} \quad x \in \partial B$$

risulta

$$\overline{B^t} \subset B^o$$

b) Un aperto $B \subset\subset X$ nelle condizioni specificate sopra si dirà un aperto a frontiera fortemente q-pseudoconvessa.

Abbiamo perciò dimostrato il seguente lemma

Lemma 1. Dato un aperto $B \subset\subset X$ a frontiera fortemente q-pseudoconvessa ed un ricoprimento finito $\mathcal{U} = \{U_i\}_{1 \leq i \leq t}$ con palle coordinate $U_i \subset U$. Esiste allora una successione decrescente di aperti a frontiera fortemente q-pseudoconvessa $\{B_i\}_{o \leq i \leq t}$ tali che

(i) $\qquad B = B^o \supset B^1 \supset \ldots\ldots \supset B^t \qquad ;$

(ii) $\qquad B^s - B^{s+1} \subset\subset U_{s+1} \qquad 0 \leq s \leq t-1 \qquad ;$

(iii) $\qquad \overline{B^t} \subset B^o$

2. Consideriamo su di una varietà X un aperto $\Omega \subset\subset X$ della forma

$$\Omega = \left\{ x \in X \;\middle|\; \sup (p, \varphi) < 0 \right\}$$

ove p, φ sono funzioni C^∞, p è fortemente q-pseudoconvessa e φ fortemente 0-pseudoconvessa.

Lemma 2. Nelle ipotesi specificate esiste una successione $\{A_\nu\}_{\nu = 1, 2, \ldots}$ di aperti $A_\nu \subset\subset \Omega$ tali che

i) $\qquad A_\nu \subset A_{\nu+1}$

ii) $\qquad \Omega = \bigcup A_\nu$

iii) ogni A_ν è una varietà q-completa .

Prova posto $a = \min_{\bar{\Omega}} p$ $b = \min_{\bar{\Omega}} \varphi$

e $P = \dfrac{p + |a|}{|a|}$ $\Phi = \dfrac{\varphi + |b|}{|b|}$

basta porre $A_\nu = \left\{ x \in \Omega \,\middle|\, P^\nu + \Phi^\nu < 1 - \frac{1}{\nu} \right\}$.

Corollario. Nelle stesse ipotesi

$H_k^{r,s}(\Omega, E) = 0$ se $s < n - q$.

In particolare si può prendere per Ω l'intersezione di B^s con una palla coordinata $U_r \subset U$.

d) Avremo infine bisogno del seguente

Lemma 3. Sia X una varietà q-completa e $p : X \to R$ una funzione C^∞ fortemente q-pseudoconvessa tale che gli aperti

$$B_c = \{ x \in X \mid p(x) < c \} \qquad c \in R$$

siano relativamente compatti.

Sia Y uno di questi aperti

$$Y = \{ x \in X \mid p(x) < c_0 \}$$

Allora l'applicazione naturale

$$H_k^{r,n-q}(Y, E) \to H_k^{r,n-q}(X, E)$$

è iniettiva.

Prova. Sia $\varphi \in \mathcal{D}^{r,n-q}(Y, E)$ $\bar{\partial}\varphi = 0$ e supponiamo che esista $\eta \in \mathcal{D}^{r,n-q-1}(X, E)$ tale che

$$\varphi = \bar{\partial}\eta \qquad \text{su } X .$$

Dobbiamo provare che esiste una $\rho \in \mathcal{D}^{r,n-q-1}(Y, E)$ tale che

$$\varphi = \bar{\partial} \varrho$$

Ora colle stesse notazioni usate in "Coomologia sulle varietà complesse" 1. di E. Vesentini, si può scrivere

$$\eta = \bar{\partial} \vartheta_\lambda x_\lambda + \vartheta_\lambda \bar{\partial} x_\lambda$$

onde

$$\varphi = \bar{\partial} \vartheta_\lambda \bar{\partial} x_\lambda$$

Posto

$$\psi_\lambda = \vartheta_\lambda \bar{\partial} x_\lambda \qquad \text{risulta}$$

$\bar{\partial} \psi_\lambda = \varphi$, $\vartheta_\lambda \psi_\lambda = 0$ e dalla disuguaglianza di W_λ -ellitticità (1) si ottiene

$$(\psi_\lambda, \psi_\lambda)_\lambda \leq c (\varphi, \varphi)_\lambda$$

con $c > 0$ indipendente da λ.

Quindi una disuguaglianza di tipo Carlemann e perciò si può trovare ρ C^∞ tale che

$$\bar{\partial} \rho = \varphi$$

e $\operatorname{supp} \rho \subset \left\{ x \in X \;\middle|\; p(x) \leq \sup_{\operatorname{supp} \varphi} p + \varepsilon \right\}$

Quindi la tesi prendendo $0 < \varepsilon < c_0 - \sup_{\operatorname{supp} \varphi} p$

<u>Esempio.</u> Sia $U = \left\{ z \in \mathbb{C}^n \;\middle|\; \sum z_\alpha \bar{z}_\alpha < 1 \right\}$ e sia p una funzione C^∞ fortemente q-pseudoconvessa definita su un intorno di $\overline{U}$. Sia $V = \left\{ z \in U \;\middle|\; p < 0 \right\}$. Allora

$$H_k^{r,n-q}(V; E) \longrightarrow H_k^{r,n-q}(U, E)$$

è iniettivo; in particolare, se $q \geq 1$ $\quad H_k^{r,n-q}(V, E) = 0$

Prova.

Sia φ una forma $\bar\partial$ -chiusa su V a supporto compatto.

Sia r_0 = raggio della più piccola palla contenente il supporto di φ

Certo $r_0 < 1$. Sia λ una funzione C^∞ definita in $0 \leq t < 1$ convessa crescente tale che

$$\lambda = 0 \quad \text{per} \quad 0 \leq t < r_0$$

$$\lambda(t) \geq 0$$

$$\lambda(t) \to +\infty \quad \text{per} \quad t \to 1.$$

Allora $p' = \lambda(\sum z_\alpha \bar z_\alpha)$ è una funzione plurisubarmonica ≥ 0 su U tale che $\{p < \text{cost}\} \subset\subset U$.

Consideriamo la funzione $g = p' + p$. Essa è C^∞, è fortemente q-pseudoconvessa,

$$\{g < \text{cost}\} \subset \{p' < \text{cost} - \sup_{\bar U} p\} \subset\subset U.$$

e inoltre

$$\{g < o\} \subset \{p' < o\}$$

Poichè $\sup g = \sup p < o$ dal lemma precedente risulta che
supp φ supp φ

x $\varphi = \bar\partial \eta$ con supp $\eta \subset U$ allora esiste ρ con supp $\rho \subset \{p < o\} = V$
tale che $\varphi = \bar\partial \rho$

---

1) (Nota pag. 14) Collo stesso metodo usato per la disuguaglianza di Stampacchia si dimostra che se E è $W^{r,s}(X, E)$ellittico per ogni $\varphi \in C^{r,s}(X, E)$ si ha (usando le stesse notazioni):

$$\left(1 - \frac{A}{(R-r)^2}\right)(\varphi, \varphi)_{B(r)} \leq 2c \left\{ (\bar\partial\varphi, \bar\partial\varphi)_{B(R)} + (\vartheta\varphi, \vartheta\varphi)_{B(R)} \right.$$

§ 4

1. La successione di Mayer-Vietoris. Sia X uno spazio topologico, X_1, X_2, due parti aperte di X tali che $X=X_1 \cup X_2$. Sia $X_{12}=X_1 \cap X_2$.

Sia $\mathfrak{F}$ un fascio di gruppi abeliani su X e sia $\mathfrak{F}_\mu$ il sottofascio di $\mathfrak{F}$ che è uguale a $\mathfrak{F}$ su X_μ e nullo su $X-X_\mu$ ($\mu = 1, 2, 12$). Si ha la successione esatta di fasci

$$0 \to \mathfrak{F}_{12} \xrightarrow{\alpha} \mathfrak{F}_1 \oplus \mathfrak{F}_2 \xrightarrow{\beta} \mathfrak{F} \longrightarrow 0$$

ove: $\alpha(\sigma) = \sigma \oplus \sigma$, $\beta(\sigma_1 \oplus \sigma_2) = \sigma_1 - \sigma_2$

Sia Φ la famiglia dei chiusi su X allora si ha la successione esatta(di Mayer-Vietoris)

$$0 \to H^0_{\Phi_{12}}(X_{12}, \mathfrak{F}) \to H^0_{\Phi_1}(X_1, \mathfrak{F}) + H^0_{\Phi_2}(X_2, \mathfrak{F}) \to H^0_{\Phi}(X, \mathfrak{F}) \longrightarrow$$

$$\longrightarrow H^1_{\Phi_{12}}(X_{12}, \mathfrak{F}) \to \cdots\cdots$$

ove Φ_μ è la famiglia dei chiusi di X contenuti in X_μ.

2. Sia X una varietà complessa e $p: X \to R$ una funzione C^∞ fortemente q-pseudoconvessa tale che

$$X_{\varepsilon, c} = \left\{ x \in X \;\middle|\; \varepsilon < p(x) < c \right\}$$

sia relativamente compatto per ogni $\varepsilon > 0$, $c > 0$.

Poniamo

$$B_c = \left\{ x \in X \;\middle|\; p(x) < c \right\}$$

Proposizione. Per ogni $c>0$ esiste un $\varepsilon_0 > 0$ con $c - \varepsilon_0 > 0$ tale che per $0 < \varepsilon < \varepsilon_0$ risulta

$$H^{r,s}_{\Phi}(B_{c-\varepsilon}, E) \xrightarrow{\sim} H^{r,s}_{\Phi}(B_c, E)$$

se $\quad s < n-q.$

Prova α) Colle notazioni del lemma dei foruncoli posto $B = B_c$

cominciamo a dimostrare che

$$H^{r,s}_{\Phi}(B^1, E) \simeq H^{r,s}_{\Phi}(B, E) \qquad \text{per } s<n-q.$$

Poniamo $V = B \cap U_1$ di modo che $B = B_1 \cup V$.

Dalla successione di Mayer-Vietoris risulta per $\mathfrak{F} = \Omega^r(E)$

$$\ldots \to H^s_k(B^1 \cap V, \mathfrak{F}) \to H^s_{\Phi}(B^1, \mathfrak{F}) \oplus H^s_k(V, \mathfrak{F}) \to H^s_{\Phi}(B, \mathfrak{F}) \to$$

$$\to H^{s+1}_k(B^1 \cap V, \mathfrak{F}) \to H^{s+1}_{\Phi}(B^1, \mathfrak{F}) \oplus H^{s+1}_k(V, \mathfrak{F}) \to \ldots$$

Ma per il lemma 2 $H^s_k(V, \mathfrak{F}) = o$ se $s<n-q$

e analogamente $H^s_k(B^1 \cap V, \mathfrak{F}) = o$ se $s<n-q$

e per il lemma 3 anche che

$$H^{n-q}_k(B^1 \cap V, \mathfrak{F}) \to H^{n-q}_k(V, \mathfrak{F})$$

è iniettivo onde la tesi

β) Iterando il procedimento si ottiene che

$$H^{r,s}_{\Phi}(B^t, E) \xrightarrow{\sim} H^{r,s}(B, E).$$

sempre con le notazioni del lemma dei foruncoli.

γ) Il lemma dei foruncoli permette perciò, dato B_c, di costruire un aperto $B^{t,c} \subset\subset B_c$ tale che

$$(1) \qquad H^{r,s}_{\Phi}(B^{t,c}, E) \xrightarrow{\sim} H^{r,s}_{\Phi}(B_c, E)$$

Sostituendo nel ragionamento le funzioni p_s con le funzioni $p_s+\varepsilon$ se $0 \leq \varepsilon \leq \varepsilon_o$ con ε_o conveniente il ragionamento rimane valido e allora da $B_{c-\varepsilon}$ si ottiene un aperto $B^{t,c-\varepsilon}$ tale che

$$(2) \qquad H^{r,s}(B^{t,c-\varepsilon}, E) \xrightarrow{\sim} H^{r,s}(B_{c-\varepsilon}, E)$$

Ovviamente

$$B^{t,c-\varepsilon} \subset B^{t,c} \subset B_{c-\varepsilon} \subset B_c$$

se ε_0 è sufficientemente piccolo.

Consideriamo il diagramma di restrizioni:

$$\begin{array}{ccc} H^{r,s}_{\Phi}(B^{t,c-\varepsilon}, E) & & \\ \downarrow & & \\ H^{r,s}_{\Phi}(B^{t,c}, E) & \xrightarrow[\gamma]{\approx} & H^{r,s}_{\Phi}(B_c, E) \\ \downarrow & \nearrow_{\alpha} & \\ H^{r,s}_{\Phi}(B_{c-\varepsilon}, E) & & \end{array} \qquad \delta \approx \text{ (dalla prima all'ultima riga)}$$

Dall'essere γ un isomorfismo segue che α è surjettivo e β iniettivo; dall'essere δ un isomorfismo segue essere β surjettivo, Quindi β è un isomorfismo e perciò α è anche iniettivo.

3. Vogliamo ora dimostrare il seguente

<u>Teorema</u> <u>Detta Ψ la famiglia dei chiusi di X contenuti in qualche B_c allora si ha</u>

$$H^{r,s}_{\Psi}(X, E) = 0 \qquad \text{se} \qquad s < n-q \,.$$

<u>Prova.</u> Si può trovare una successione $c_0 > c_1 > c_2 > \dots c_\nu \longrightarrow 0$ $c_\nu > 0$ tale che le applicazioni

$$H^{r,s}_{\Phi}(B_{c_\nu}, E) \longrightarrow H^{r,s}_{\Phi}(B_{c_{\nu+1}}, E)$$

siano isomorfismi per $\nu = 1, 2, \dots\dots.$

Sia $\mathcal{F} = \Omega^r(E)$ e

$$0 \longrightarrow \mathcal{F} \longrightarrow C^0 \xrightarrow{\delta} C^1 \xrightarrow{\delta} C^2 \longrightarrow \dots\dots\dots$$

Una risoluzione fiacca (flasque) di $\mathcal{F}$ su X.

Sia $\xi_0 \in Z_\Phi^s(B_{c_0}, \mathcal{F}) = \operatorname{Ker}\left\{\Gamma_\Phi(B_{c_0}, C^s) \longrightarrow \Gamma_\Phi(B_{c_0}, C^{s+1})\right\}$

Si può trovare $\xi_1 \in Z_\Phi^s(B_{c_1}, \mathcal{F}) = \operatorname{Ker}\left\{\Gamma_\Phi(B_{c_1}, C^s) \to \Gamma_\Phi(B_{c_1}, C^{s+1})\right\}$

tale che

$$\xi_0 = \xi_1 + \delta\gamma_0 \qquad \text{con} \qquad \gamma_0 \in \Gamma_\Phi(B_{c_0}, C^{s-1})$$

Analogamente

$$\xi_1 = \xi_2 + \delta\gamma_1 \qquad \text{con} \qquad \xi_2 \in Z_\Phi^s(B_{c_2}, \mathcal{F}) \text{ e } \gamma_1 \in \Gamma_\Phi(B_{c_1}, C^{s-1})$$

Così di seguito si ha

$$\xi_0 = \xi_\nu + \delta(\gamma_0 + \gamma_1 + \ldots\ldots + \gamma_\nu)$$

e $\operatorname{supp} \xi_\nu \in B_{c_\nu}$, $\operatorname{supp} \gamma_\nu \subset B_{c_\nu}$

La serie $\sum_0^\infty \gamma_\nu$ converge poichè è localmente finita e il supporto di $\xi_0 - \delta(\sum \gamma_\nu) \subset \bigcap B_{c_\nu} = \emptyset$ onde

$$\xi_0 = \delta \sum \gamma_\nu$$

come volevasi.

Per $s = o$ il teorema è ovvio.

4. Dimostrazione del Teorema di Finitezza. Sia X una varietà q-pseudoconvessa vogliamo dimostrare che

$$\dim_{\mathbb{C}} H_k^{r,s}(X, E) < \infty \qquad \text{se} \qquad s < n-q.$$

Dal teorema del n. precedente risulta che ogni forma $\varphi \in \mathcal{D}^{r,s}(X, E)$ $\quad \bar{\partial}\varphi = o$ è omologa ad una col supporto in un compatto fisso $\bar{\Omega}$ se $s < n-q$.

Indichiamo con

$\mathcal{E}'^{\,r,s}(X, E)$ lo spazio delle forme a coefficienti distribuzioni a supporto compatto e di tipo r, s.

$$Z'^{r,s}(X,E) = \left\{ T \in \mathcal{E}'^{r,s}(X,E) \mid \bar\partial T = 0 \right\}$$

$Z^{r,s}(\bar\Omega, E)$ lo spazio delle forme C^∞ $\bar\partial$ chiuse a supporto in $\bar\Omega$ e di tipo r, s.

Da quanto precede risulta che l'applicazione

$$\mathcal{E}'^{r,s-1}(X,E) \oplus Z^{r,s}(\bar\Omega, E) \xrightarrow{\bar\partial + i} Z'^{r,s}(X,E)$$

definita sul primo addendo come $\bar\partial$ e sul secondo come iniezione naturale i è surjettiva se $s < n-q$.

Ma gli spazi considerati sono spazi vettoriali topologici di Montel l'applicazione i è compatta per il teorema di Ascoli. Per un teorema di Schwartz(1) risulta allora che l'immagine del $\bar\partial = (\bar\partial + i) - i$ è un sottospazio chiuso di dimensione finita di $Z'^{r,s}(X,E)$ e quindi che il gruppo $H_k^{r,s}(X,E)$ è di dimensione finita.

1) Si osservi che il duale di $Z^{r,s}(\bar\Omega, E)$ è uno spazio LF tale che ogni sottospazio chiuso è ancora di tipo LF.